哺乳动物的100个冷知识

赵亮/文

U0321034

天地出版社 | TIANDI PRESS

图书在版编目（CIP）数据

哺乳动物的 100 个冷知识 / 赵亮文 . —— 成都 ：天地
出版社 ，2025.2

（猜你不知道）

ISBN 978-7-5455-8246-8

Ⅰ . ①哺… Ⅱ . ①赵… Ⅲ . ①哺乳动物纲 - 儿童读物
Ⅳ . ① Q959.8–49

中国国家版本馆 CIP 数据核字 (2024) 第 033336 号

CAI NI BU ZHIDAO ·BURU DONGWU DE 100 GE LENG ZHISHI

猜你不知道·哺乳动物的 100 个冷知识

出 品 人	陈小雨　杨　政	
监　　制	陈　德	
作　　者	赵　亮	
审　　订	厉威池	
策划编辑	凌朝阳　何熙楠	
责任编辑	何熙楠	
责任校对	张月静	
封面设计	田丽丹	
内文排版	罗小玲	
责任印制	高丽娟	

出版发行　天地出版社
　　　　　　（成都市锦江区三色路 238 号　　邮政编码：610023）
　　　　　　（北京市方庄芳群园 3 区 3 号　　邮政编码：100078）
网　　址　http://www.tiandiph.com
经　　销　新华文轩出版传媒股份有限公司

印　　刷　北京天宇万达印刷有限公司
版　　次　2025 年 2 月第 1 版
印　　次　2025 年 2 月第 1 次印刷
开　　本　710mm × 1000mm 1/16
印　　张　13
字　　数　274 千字
定　　价　40.00 元
书　　号　ISBN 978-7-5455-8246-8

目录

在本册书中，你会看到憨态可掬的大熊猫、喵喵叫的美洲狮、"平头哥"蜜獾、擅长攀岩的岩羊、臀上"有心"的普氏原羚、喜欢用牙齿打架的斑马等哺乳动物，了解它们都有哪些生存本领和爱好。现在就一起去探寻"大熊猫是怎么吃竹子的""美洲狮为什么叫声像猫叫""长颈鹿会不会打架"等问题的答案吧！

憨态可掬的大熊猫

圆滚滚的身材、大大的脑袋和小小的尾巴，一身黑白相间的毛发，举手投足间透着呆萌之气，这就是大熊猫。

成年大熊猫的体重通常为70～125千克，其野生种群目前只生活在中国四川、甘肃、陕西三省的部分地区，截至2024年野生种群数量接近1900只。数量稀少再加上憨态可掬，大熊猫不仅是中国的国宝，在全世界也拥有众多粉丝。

大熊猫最喜爱吃竹子，进食的时候首先会吃掉竹子外面的叶子，然后再把竹子每一节的连接

处咬断，最后从破口的地方剥开硬皮，享用鲜嫩的竹子。

大熊猫能咬开坚硬的竹子，全仗着一副好牙口。大熊猫的牙齿咬合力高达589千克，在所属的熊类动物家族里仅次于北极熊和一些体形较大的棕熊。

与成年的大熊猫形态形成鲜明反差的是它们刚出生的样子，那时它们身体粉嘟嘟的，和成年人的手掌差不多大，看上去就像小老鼠。

北极熊其实并不白

北极熊是现存体形最大的陆生食肉哺乳动物，体重最高达900千克。

北极熊生活在寒冷的北极冰原地区，为维

持身体所需的热量，它们以海豹、白鲸等脂肪含量较高的哺乳动物为主食，有时还会偷袭体重超过1吨的海象。

北极熊看上去白白的，因此也叫"白熊"。

不过，北极熊身上的"白"只是透明中空的毛被阳光照射，在冰雪环境下衬托出的结果。

北极熊真实的肤色和其他"熊亲戚"一样，也是黑的，这点从它们眼眶、鼻头、两耳内侧和尾巴等裸露的皮肤可以看出。

近些年，受全球气候变暖导致的环境变化影响，北极熊的食物变得越发稀少，原本只吃肉的它们不得不靠野果和鸟蛋充饥，生存变得越发艰难。为提高人们对这一物种的保护意识，每年的2月27日被定为"国际北极熊日"。

白色的黑熊——白灵熊

通常来说，黑熊都长有一身乌黑的毛发，但在加拿大不列颠哥伦比亚省部分地区的温带雨林中，生活着一些毛发洁白的美洲黑熊，它们被称为白灵熊。

白灵熊的学名叫柯莫德熊，是以最早研究这种动物的学者弗朗西斯科·柯莫德的名字命名的。别看白灵熊长得像北极熊，其实它们是美洲黑熊的一个亚种，而且并不是所有的白灵熊都是白色的，它们中的绝大多数成员都和正常的黑熊体色相同，只有大约10%的个体由于体内某种基因的变异，皮毛呈现白色。

在当地印第安人的心目中，拥有一身白毛的白灵熊是神灵般的存在，人们从来不会去猎食它们。如今，它们更是受到加拿大法律的严格保护。

最能忍耐恶劣环境的"猫"——兔狲

2017年，一组兔狲被草原雕抢走食物的照片出现在互联网上，让很多人喜欢上了体形小巧，身材圆滚，但看上去满脸嚣张的"兔狲"。

兔狲体重不超过5千克，是一种小型猫科动物，生活在阿富汗、不丹、中国、俄罗斯、蒙古国、伊朗、印度等国家，以鼠兔、仓鼠、田鼠、岩松鼠等小型哺乳动物为食，有时也捕捉小鸟和蜥蜴。

虽然看上去又矮又胖，但兔狲其实非常灵敏，可以一下子跃出1米多远的距离，看似臃肿的身材主要是拜厚厚的皮毛所赐。兔狲可栖

<ruby>息<rt>xī</rt></ruby> <ruby>在<rt>zài</rt></ruby> <ruby>海<rt>hǎi</rt></ruby> <ruby>拔<rt>bá</rt></ruby> 4800 ～ 5000 <ruby>米<rt>mǐ</rt></ruby> <ruby>的<rt>de</rt></ruby> <ruby>高<rt>gāo</rt></ruby> <ruby>寒<rt>hán</rt></ruby> <ruby>地<rt>dì</rt></ruby> <ruby>带<rt>dài</rt></ruby>，<ruby>一<rt>yì</rt></ruby> <ruby>身<rt>shēn</rt></ruby> <ruby>如<rt>rú</rt></ruby> <ruby>同<rt>tóng</rt></ruby>

<ruby>棉<rt>mián</rt></ruby> <ruby>大<rt>dà</rt></ruby> <ruby>衣<rt>yī</rt></ruby> <ruby>般<rt>bān</rt></ruby> <ruby>的<rt>de</rt></ruby> <ruby>厚<rt>hòu</rt></ruby> <ruby>皮<rt>pí</rt></ruby> <ruby>毛<rt>máo</rt></ruby> <ruby>刚<rt>gāng</rt></ruby> <ruby>好<rt>hǎo</rt></ruby> <ruby>可<rt>kě</rt></ruby> <ruby>以<rt>yǐ</rt></ruby> <ruby>抵<rt>dǐ</rt></ruby> <ruby>御<rt>yù</rt></ruby> <ruby>冬<rt>dōng</rt></ruby> <ruby>天<rt>tiān</rt></ruby> <ruby>零<rt>líng</rt></ruby> <ruby>下<rt>xià</rt></ruby> <ruby>几<rt>jǐ</rt></ruby> <ruby>十<rt>shí</rt></ruby>

<ruby>摄<rt>shè</rt></ruby> <ruby>氏<rt>shì</rt></ruby> <ruby>度<rt>dù</rt></ruby> <ruby>的<rt>de</rt></ruby> <ruby>风<rt>fēng</rt></ruby> <ruby>寒<rt>hán</rt></ruby>，<ruby>这<rt>zhè</rt></ruby> <ruby>也<rt>yě</rt></ruby> <ruby>让<rt>ràng</rt></ruby> <ruby>兔<rt>tù</rt></ruby> <ruby>狲<rt>sūn</rt></ruby> <ruby>成<rt>chéng</rt></ruby> <ruby>了<rt>le</rt></ruby> <ruby>猫<rt>māo</rt></ruby> <ruby>科<rt>kē</rt></ruby> <ruby>动<rt>dòng</rt></ruby> <ruby>物<rt>wù</rt></ruby> <ruby>家<rt>jiā</rt></ruby> <ruby>族<rt>zú</rt></ruby>

<ruby>中<rt>zhōng</rt></ruby> <ruby>最<rt>zuì</rt></ruby> <ruby>能<rt>néng</rt></ruby> <ruby>忍<rt>rěn</rt></ruby> <ruby>耐<rt>nài</rt></ruby> <ruby>恶<rt>è</rt></ruby> <ruby>劣<rt>liè</rt></ruby> <ruby>环<rt>huán</rt></ruby> <ruby>境<rt>jìng</rt></ruby> <ruby>的<rt>de</rt></ruby> <ruby>成<rt>chéng</rt></ruby> <ruby>员<rt>yuán</rt></ruby>。

弹跳^{gāo shǒu}高手——薮猫

在动漫《兽娘动物园》中最先出场的动物是一只拥有大长腿、大耳朵的大体形"猫咪"，它是薮猫。

薮猫是非洲特有动物，体形比家猫大一倍还多，修长的四肢和两只离得很近的大耳朵是薮猫最显著的外在特征。

薮猫不仅腿长，弹跳力也非常了得，能够以旱地拔葱的形式原地向上跳起2米高。除了能够捕食地上跑的和水里游的各种小型猎物，有时还能直接抓住空中的小鸟。薮猫还可以在不转动头部和身体的情况下往后蹦，在遇到体形更大的食肉动物时，这种技能可以帮助它们瞬间逃脱对方的攻击。

中国特有的荒漠猫

荒漠猫是一种体重为 6.5 ～ 9 千克的小型猫科动物，和大熊猫一样，它们也是中国的特有物种，分布在青海、西藏自治区、四川、甘肃等地。

虽然名字里有"荒漠"二字，但荒漠猫并不生活在荒凉的沙漠里，它们的主要安家场所是海拔 2000 ～ 5000 米的高山草地、草甸、灌丛，以及林地的边缘地带。之所以叫"荒漠猫"，是因为它们黄褐色或黑褐色的皮毛看上去和沙漠的颜色差不多。

和所有猫科动物家族的亲戚一样，荒漠猫也是优秀的猎手，主食是各种小型鼠类，有时也

捕食小鸟。除了猫科动物普遍具备的伏击本领，荒漠猫还会在土里刨食，凭借出色的嗅觉和听觉，它们能感知到藏身于地下的猎物，然后两只小爪子像挖掘机一样刨开上面的土层，抓住猎物美，滋滋地吃上一顿。

在滚烫沙子里行走的沙漠猫

沙漠猫是一种生活在亚洲和非洲沙漠中的小型猫科动物，体重还不到4千克。和薮猫一样，沙漠猫长有一对大耳朵，不同的是，它们的两只耳朵间距很大，头部也很宽，整个脸呈国字形。

沙漠猫能在滚烫的沙漠里生存，得益于脚底厚厚的肉垫及上面覆盖的又长又密的毛发。沙漠猫脚上如同穿上了隔热靴，使得它们可以在滚烫的沙地上行动自如，完全不必担心被烫伤。

沙漠缺水，沙漠猫很少喝水，主要靠吸食猎物的血液来补充水分。沙漠酷热，为减少体内水分流失，沙漠猫一般只在夜晚捕猎，夜晚的温度比白天低，它们活动起来出汗较少。如果食物一次吃不完，沙漠猫还会把剩下的埋起来，这样可以减少捕猎的次数，减少排汗。

会模仿猴子叫的长尾猫

huì mó fǎng hóu zi jiào de cháng wěi māo

cháng wěi māo yì bān shēng huó zài měi zhōu zì mò xī gē dào wū lā guī
长尾猫一般生活在美洲自墨西哥到乌拉圭

de dī hǎi bá yǔ lín zhōng yīn yì tiáo jǐ hū hé shēn tǐ děng cháng de dà
的低海拔雨林中，因一条几乎和身体等长的大尾巴而得名。由于长得近似于幼年虎猫，又叫长尾虎猫。

除了用来维持身体平衡的长尾巴，长尾猫的脚腕也非常灵活，可以大幅度翻转，以至于在任何姿势下都能轻松抓住树干。这个特征让长尾猫下树的本领比猫科动物家族中的大部分亲戚都强，它们是除云豹外唯一可以头朝下从笔直的树上爬下来的猫科动物。

长尾猫的另一项绝活儿是出色的模仿能力，为捕获灵活的猴子，它们会模仿小猴的叫声把成年猴子吸引过来，然后进行捕食。

绰号"小剑齿虎"的云豹

云豹因背部和身体两侧云朵形状的花纹而得名。世界上共有两个云豹物种，一种生活在亚洲大陆上，叫云豹；另一种主要生活在东南亚的加里曼丹岛和苏门答腊岛，叫巽他云豹。

云豹体重约20千克，它们虽然不像老虎、狮子那样威猛，却有个非常给力的绰号"小剑齿虎"。这是因为云豹的上犬齿很长，光露出牙床的部分就有4厘米，是现存猫科动物中犬齿长度占身体长度比例最大的，看上去像极了缩小版的剑齿虎（一类犬齿较长的史前猫科动物）。

云豹的嘴巴也是猫科动物中张开角度最大的，超过100度。嘴巴张得大，犬齿又长，云豹的捕猎能力也随之提升，能捕食长鼻猴、豚鹿等体形比自己大的动物。

体形最大的"小猫"——猞猁

人们通常按体形大小将猫科动物分成"大猫"和"小猫"两类，猞猁是小猫里体形最大的，体重可达30千克。

猞猁的名字来自蒙古语的音译，它最明显的特征是耳朵上面两簇挺立的毛发。这两簇毛发起着类似雷达天线的作用，和长而尖的耳朵相互配合，有助于猞猁听到更远、更小的声音，对于寻找猎物和躲避天敌都大有益处。

猞猁在亚洲、欧洲、北美大陆都有分布，森林、苔原、荒漠、树丛、山地都是它们的宜居场所。如此强悍的适应能力得益于它们超强

de bǔ liè néng lì　　bú lùn shì tǐ xíng jiào xiǎo de lǎo shǔ　　tù zi
的捕猎能力，不论是体形较小的老鼠、兔子，

hái shi bǐ jiào dà de líng yáng　　mǎ lù　　quán dōu zài tā men de bǔ liè
还是比较大的羚羊、马鹿，全都在它们的捕猎

míng dān shàng
名单上。

喵喵叫的美洲狮

在美洲大陆上，生活着一种看上去和狮子有几分相似，但体形相对较小的动物，被称为"美洲狮"。

虽然模样相似，但美洲狮和狮子除了同属

猫科动物再没有任何关系。从血缘上说，它们和家猫反倒更近，这一点从叫声上就能听出来。狮子喉咙处的骨骼是韧带性软骨，可以发出浑厚的狮吼声；美洲狮喉咙处的骨头是一块硬骨，所以只能发出像猫一样尖细的声音。

虽然美洲狮只能发出小猫般的叫声，但它们的捕猎能力丝毫不逊色于大型猛兽。凭借锋利的爪子和牙齿，以及强劲有力的肌肉，美洲狮能制服包括驼鹿在内的大型猎物，也能咬住皮肤如铠甲般坚硬的犰狳，甚至有捕获鳄鱼的记录。世界著名运动品牌"彪马"的商标图案就是一只正在扑向猎物的美洲狮。

和想象不一样的狮子

如今，除印度的吉尔国家公园外，人们只能在撒哈拉沙漠以南（以东非和南非为主）的非洲地区才能看到狮子的踪迹。但是在历史上，它们的足迹曾遍布整个非洲，以及亚洲和欧洲的部分地区。

根据最新的研究，现存的狮子可分为"南方狮"（经常活跃在科普节目中的就是它们中的部分成员）和"北方狮"（包括亚洲狮）两个支系，而具体又包括多个独立的地理种群。不同地区的狮子体形、大小不一，大体算下来，雄狮的体重为150～300千克，雌狮的体重则为110～170千克。

身为唯一群居的猫科动物，除了稀树草原，狮子还能适应丛林、荒漠、热带雨林等多种环境。狮子能有如此强的适应能力，跟狮群成员间的密切协作有关。过去，人们普遍认为雄狮不会参与捕猎，但近些年的很多观察记录显示，在捕捉水牛、河马、犀牛、长颈鹿，以及病弱的非洲象等体形大且反抗能力强的猎物时，雄狮都会参与其中。

美洲最大猫科动物——美洲豹

měi zhōu bào yě jiào měi zhōu hǔ　　cóng běi měi zhōu de mò xī gē dào nán
美洲豹也叫美洲虎，从北美洲的墨西哥到南

měi zhōu de ā gēn tíng dōu yǒu fēn bù　　xióng xìng tǐ zhòng kě dá　　qiān
美洲的阿根廷都有分布，雄性体重可达 158 千

kè　　cí xìng yě yǒu　　qiān kè　　shì měi zhōu dà lù tǐ xíng zuì dà de
克，雌性也有 100 千克，是美洲大陆体形最大的

māo kē dòng wù　　yě shì quán shì jiè jǐn cì yú lǎo hǔ hé shī zi de dì
猫科动物，也是全世界仅次于老虎和狮子的第

sān dà māo kē dòng wù
三大猫科动物。

和豹子一样，美洲豹的皮毛上同样布满圆形纹路，但里面多了几个黑点，这是两者的最显著区别。

另一个区别体现在生活习性上。豹子大部分时间都待在树上，美洲豹更喜欢泡在水里。这样做一是因为美洲豹栖息的热带或亚热带密林潮湿闷热，二是因为它们拥有高达1250磅的咬合力，足以对付像凯门鳄和绿水蚺这样的大型爬行动物。

除了身体条件给力，美洲豹也非常聪明。在巴西，曾经发生过美洲豹在浅水区域成功捕获正在捕鱼的水豚的事件。正所谓"螳螂捕蝉，黄雀在后"，水豚在捕鱼时往往会因为全神贯注而察觉不到潜在的危险，美洲豹利用这个时机来捕猎，足以说明其善于动脑。

分布最广的"大猫"——豹

虽然从体形上看，老虎、狮子甚至美洲豹都要更加威猛，但从生存能力的角度来说，豹无疑是大型猫科动物中最强的。

这一点从分布范围就能看出：老虎局限于亚洲，而狮子除非洲外只在亚洲有少量分布，豹则遍布亚洲和非洲，非洲的稀树草原、中东的沙漠、东南亚的湿热地区，甚至寒冷的俄罗斯远东地区都能看到它们的身影。

不同地区的豹体形差距很大，它们最大的有90千克，最小的还不到20千克。皮毛的颜色也不尽相同，正常的花豹体色主要有橘黄色、奶油色和红褐色三种。总体来说，生活在森林里的豹体色较深，而开阔地区的则比较浅。

豹里有一些比较特殊的黑化个体，被称为"黑豹"，主要栖息在马来西亚的森林中。

毛发和皮肤上都有条纹的虎

虎是亚洲特有的大型猫科动物，被誉为"百兽之王"。

动物学家根据不同的特征，将现存的虎分成6个亚种，分别是东北虎、华南虎、孟加拉虎、苏门答腊虎、印度支那虎和马来虎。

不同的虎在体形和毛色方面差异很大，生活在中国东北和俄罗斯远东地区的东北虎体形最大，毛色最浅，而热带地区的虎体形小，毛色深。

绝大多数虎的额头上都有"王"字形条纹，身上也布满了条纹。跟斑马的条纹只长在毛发

上 不 同 ， 虎 的 皮 肤 上 同 样 有 条 纹 ， 这 是 黑 色 素
沉 淀 的 结 果 。

短跑冠军——猎豹

如果为陆地上的动物举行一场百米竞赛，冠军恐怕会是猎豹的囊中之物。

从眼角到脸颊下方的两条"泪腺"，是猎豹的标志性特征。虽然名字中带"豹"，但它们不属于豹亚科，而属于猫亚科，也是唯一不能把爪子缩回肉垫里的猫科动物。

根据测算，猎豹奔跑的最高速度可以达到每小时 110 千米，堪比高速公路上行驶的汽车。不

过，猎豹在野外的生活却非常艰难，原因有两点：首先，猎豹的体温在高速奔跑时会急剧升高，它们最多全速奔跑 30 秒就得停下来，否则就会有生命危险，而大多数食草动物的耐力都很好，所以猎豹并非每次捕猎都能成功；其次，猎豹的体形纤细，格斗能力严重不足，捕获的食物经常被狮子、花豹、斑鬣狗等更强壮的食肉动物抢走。

会"祭天"的水獭

水獭是一种生活在欧亚大陆的小型食肉动物，身长不到1米，体重不到20千克，和漫威动画中"金刚狼"的原型"狼獾"，以及因挑衅狮子而走红网络的"蜜獾"是亲戚，同属于食肉目鼬科。

水獭是水陆两栖动物，生活在江河、湖泊、溪流等淡水环境中，有一些水獭种群生活在沿海地区。脚的形状像狗，但指头上有近似游禽的蹼，总体呈半爪半蹼的样子，这使得它们既能在水里捕鱼，也能上岸捕捉鼠类和野兔。

每到春秋两季鱼群活动频繁时，水獭就会

趁机大量捕鱼，它们会把抓到的鱼一条条摆放在岸边，看上去就像在祭天，这种行为被称为"獭祭"。

zá bèi ké de hǎi tǎ
砸贝壳的海獭

海獭也是食肉目鼬科的动物，生活在北太平洋海域，加拿大、美国、日本北海道北部的冰冷海水中可以看到它们的身影。

海獭是体形最大的鼬科动物，体重可达45

千克，也是各种叫"獭"的食肉动物中，唯一一种只生活在咸水环境里的。它们主要在距离岸边较近的海域活动，最喜爱的食物是各种贝类。它们会半仰在水中，胸口上放一块石头，用灵活的前爪握住贝壳，不断往石头上砸，直到吃到里面美味的肉。

和大多数生活在极寒地区的动物拥有厚厚的脂肪层不同，海獭保持体温一方面是靠蓬松厚密的毛发在皮肤附近形成一层空气层进行隔热，另一方面是靠独特的能量转换系统，它们的肌肉组织可通过这个系统将热量输送到全身。

chī fēng mì de huáng hóu diāo
吃蜂蜜的黄喉貂

huáng hóu diāo shì yì zhǒng zhǎng de xiàng gǒu de xiǎo xíng yòu kē dòng
黄喉貂是一种长得像狗的小型鼬科动

wù tǐ zhòng zuì dà yě zhǐ yǒu qiān kè chú bèi yòng lái qǐ
物，体重最大也只有3千克。除被用来起

míng de hóu bù wài tā men de xiōng bù bèi bù jiān bǎng děng
名的喉部外，它们的胸部、背部、肩膀等

身体大部分地方的毛发也是黄色的，头颈和脸则以深褐色为主。

黄喉貂主要生活在亚洲海拔 200 ~ 3000 米的森林中，能适应温带和热带两种环境，从俄罗斯远东地区到印度尼西亚苏门答腊岛都有分布，就连喜马拉雅山脉都能看到它们的身影。

黄喉貂是典型的杂食动物，喜欢在白天寻找食物，经常合群捕捉小型的鹿和斑羚等有蹄动物，有时也会像亚洲黑熊那样，扒开蜂巢吃蜂蜜，也因此有了个别名"蜜狗"。

不爱吃鱼的渔貂

　　渔貂是北美地区特有的鼬科动物，栖息在加拿大南部、美国西北部及阿拉斯加西南部海拔1250米以下的密林中。虽然叫渔貂，但它们很少抓鱼，而是以陆地上的各种中小型动物为

食，有时也会偷袭鸟类。

渔貂最拿手的莫过于捕猎北美豪猪了。凭借一身尖刺，北美豪猪让很多捕食者无计可施，但面对渔貂时，它却只能坐以待毙，其原因在移动速度上。北美豪猪遇到危险时，通常会用长满尖刺的尾巴和后背对准对方。渔貂移动速度比北美豪猪快，总能绕到前面，攻击北美豪猪没有防护的脸部，这样几个回合下来，北美豪猪就会因受伤流血、体力不支而倒下，渔貂就可以享用猎物了。

凭借移动迅速，再加上数量众多，渔貂成为北美地区唯一能抑制北美豪猪泛滥的物种。

擅长挖洞的狗獾

狗獾是所有叫獾的动物中体形最大的，体重上限达17千克，包括中国、朝鲜、日本在内的亚洲大部分地区，以及欧洲境内都有它们的踪迹，其活动场所遍布森林、矮树丛、草地等多种自然栖息地，有时也在农田或城镇附近出没。

狗獾是杂食动物：肉食主要以蚯蚓和昆虫为主，有时也捕捉田鼠等小型脊椎动物；素食则包括果类、谷物、蘑菇等。

狗獾的爪子很长，非常擅长挖洞，这一点在生活在欧洲的狗獾身上体现得尤为充分，它们会组成6只左右的小群体一起生活，挖出

<ruby>四<rt>sì</rt></ruby><ruby>通<rt>tōng</rt></ruby><ruby>八<rt>bā</rt></ruby><ruby>达<rt>dá</rt></ruby>、<ruby>有<rt>yǒu</rt></ruby><ruby>几<rt>jǐ</rt></ruby><ruby>十<rt>shí</rt></ruby><ruby>个<rt>gè</rt></ruby><ruby>出<rt>chū</rt></ruby><ruby>入<rt>rù</rt></ruby><ruby>口<rt>kǒu</rt></ruby><ruby>的<rt>de</rt></ruby>"<ruby>地<rt>dì</rt></ruby><ruby>下<rt>xià</rt></ruby><ruby>宫<rt>gōng</rt></ruby><ruby>殿<rt>diàn</rt></ruby>"。<ruby>这<rt>zhè</rt></ruby>

<ruby>些<rt>xiē</rt></ruby><ruby>洞<rt>dòng</rt></ruby><ruby>穴<rt>xué</rt></ruby><ruby>不<rt>bù</rt></ruby><ruby>仅<rt>jǐn</rt></ruby><ruby>可<rt>kě</rt></ruby><ruby>以<rt>yǐ</rt></ruby><ruby>用<rt>yòng</rt></ruby><ruby>来<rt>lái</rt></ruby><ruby>躲<rt>duǒ</rt></ruby><ruby>避<rt>bì</rt></ruby><ruby>天<rt>tiān</rt></ruby><ruby>敌<rt>dí</rt></ruby>，<ruby>还<rt>hái</rt></ruby><ruby>能<rt>néng</rt></ruby><ruby>帮<rt>bāng</rt></ruby><ruby>狗<rt>gǒu</rt></ruby><ruby>獾<rt>huān</rt></ruby><ruby>熬<rt>áo</rt></ruby>

<ruby>过<rt>guò</rt></ruby><ruby>寒<rt>hán</rt></ruby><ruby>冷<rt>lěng</rt></ruby><ruby>的<rt>de</rt></ruby><ruby>冬<rt>dōng</rt></ruby><ruby>季<rt>jì</rt></ruby>。<ruby>遇<rt>yù</rt></ruby><ruby>到<rt>dào</rt></ruby><ruby>极<rt>jí</rt></ruby><ruby>寒<rt>hán</rt></ruby><ruby>天<rt>tiān</rt></ruby><ruby>气<rt>qì</rt></ruby>，<ruby>它<rt>tā</rt></ruby><ruby>们<rt>men</rt></ruby><ruby>会<rt>huì</rt></ruby><ruby>几<rt>jǐ</rt></ruby><ruby>个<rt>gè</rt></ruby><ruby>月<rt>yuè</rt></ruby><ruby>不<rt>bù</rt></ruby>

<ruby>出<rt>chū</rt></ruby><ruby>洞<rt>dòng</rt></ruby>，<ruby>只<rt>zhǐ</rt></ruby><ruby>靠<rt>kào</rt></ruby><ruby>消<rt>xiāo</rt></ruby><ruby>耗<rt>hào</rt></ruby><ruby>体<rt>tǐ</rt></ruby><ruby>内<rt>nèi</rt></ruby><ruby>的<rt>de</rt></ruby><ruby>脂<rt>zhī</rt></ruby><ruby>肪<rt>fáng</rt></ruby><ruby>来<rt>lái</rt></ruby><ruby>生<rt>shēng</rt></ruby><ruby>存<rt>cún</rt></ruby>。

<ruby>和<rt></rt></ruby><ruby>郊<rt>jiāo</rt></ruby><ruby>狼<rt>láng</rt></ruby>合作捕猎的<ruby>美<rt>měi</rt></ruby><ruby>洲<rt>zhōu</rt></ruby><ruby>獾<rt>huān</rt></ruby>

<ruby>美<rt>měi</rt></ruby><ruby>洲<rt>zhōu</rt></ruby><ruby>獾<rt>huān</rt></ruby><ruby>顾<rt>gù</rt></ruby><ruby>名<rt>míng</rt></ruby><ruby>思<rt>sī</rt></ruby><ruby>义<rt>yì</rt></ruby><ruby>是<rt>shì</rt></ruby><ruby>生<rt>shēng</rt></ruby><ruby>活<rt>huó</rt></ruby><ruby>在<rt>zài</rt></ruby><ruby>美<rt>měi</rt></ruby><ruby>洲<rt>zhōu</rt></ruby><ruby>的<rt>de</rt></ruby><ruby>动<rt>dòng</rt></ruby><ruby>物<rt>wù</rt></ruby>，<ruby>具<rt>jù</rt></ruby><ruby>体<rt>tǐ</rt></ruby><ruby>说<rt>shuō</rt></ruby><ruby>是<rt>shì</rt></ruby><ruby>北<rt>běi</rt></ruby><ruby>美<rt>měi</rt></ruby><ruby>地<rt>dì</rt></ruby><ruby>区<rt>qū</rt></ruby>，<ruby>美<rt>měi</rt></ruby><ruby>国<rt>guó</rt></ruby><ruby>大<rt>dà</rt></ruby><ruby>部<rt>bù</rt></ruby><ruby>分<rt>fen</rt></ruby><ruby>地<rt>dì</rt></ruby><ruby>区<rt>qū</rt></ruby>、<ruby>加<rt>jiā</rt></ruby><ruby>拿<rt>ná</rt></ruby><ruby>大<rt>dà</rt></ruby><ruby>西<rt>xī</rt></ruby><ruby>南<rt>nán</rt></ruby>、<ruby>墨<rt>mò</rt></ruby><ruby>西<rt>xī</rt></ruby><ruby>哥<rt>gē</rt></ruby><ruby>中<rt>zhōng</rt></ruby><ruby>部<rt>bù</rt></ruby><ruby>是<rt>shì</rt></ruby><ruby>它<rt>tā</rt></ruby><ruby>们<rt>men</rt></ruby><ruby>的<rt>de</rt></ruby><ruby>生<rt>shēng</rt></ruby><ruby>存<rt>cún</rt></ruby><ruby>范<rt>fàn</rt></ruby><ruby>围<rt>wéi</rt></ruby>。<ruby>它<rt>tā</rt></ruby>

们喜欢在草原、疏林、荒漠、矮树丛等植被较为稀少、视野较为开阔的地方活动。

美洲獾是偏爱肉类的杂食动物，主食包括各种鼠类和野兔，有时也捕捉节肢动物、鸟类、鱼类、两栖动物和软体动物。

非常有意思的是，美洲獾身为独居动物，捕猎时却喜欢和郊狼进行跨物种合作。这样做是因为郊狼身高腿长，能看到更远的地方，从而尽快发现鼠洞，而美洲獾擅长挖洞，能够快速捣毁猎物的藏身之所，两者合作可以实现双赢。

"平头哥" 蜜獾

　　如果评选非洲草原上最好斗的动物，那冠
军非蜜獾莫属。因长了一个看上去扁平的头顶而获得"平头哥"绰号的蜜獾，虽然体重不足15千克，脾气却非常暴躁，网上隔三岔五就会出现它们捕猎毒蛇、打退狮子的视频和照片，以至于有了"非洲乱不乱，平头哥说了算"的说法。

实际上，蜜獾的生存范围远不止非洲，西亚的阿拉伯半岛、中亚的哈萨克斯坦、南亚的印度也是它们的生存范围，做到这点得益于它们强大的适应能力，密林、疏林、草原、湿地、半荒漠和荒漠等不同的生态环境，都是它们宜居的场所。

不过，适应能力强不等于战斗力强，更不等于战无不胜。捕猎毒蛇的情况的确有，因为蜜獾可自行分解蛇毒；至于打退狮子，那完全是因为狮子没想真的和它们对打。

用臭液保命的臭鼬

臭鼬是生活在北美地区的小型食肉动物，体重在0.6千克到5.5千克，平均大小和家猫差不多。

臭鼬主要在黄昏和夜晚活动，以无脊椎动物、各种小型的兽类、鸟类、爬行动物和两栖动物为食，也吃果蔬、坚果、谷物，是杂食性动物。

从名字不难推测，臭鼬可以释放臭气，这是它们的保命武器。臭鼬所释放的臭气是喷雾状的液体，里面含有硫酸和硫醇两种物质，味道奇臭无比，能把对方熏得短暂窒息；如果喷到眼睛上，甚至能导致对方暂时失明。每当遇到

wēi xiǎn de shí hou　　chòu yòu jiù huì diào zhuǎn shēn tǐ　　bǎ pì gu duì zhe
危险的时候，臭鼬就会掉转身体，把屁股对着

duì fāng　　cóng gāng mén zhōu wéi de chòu xiàn zhōng pēn shè chū chòu yè　　zhè
对方，从肛门周围的臭腺中喷射出臭液，这

zhǒng chòu yè kě yǐ shè zhòng　　mǐ yǐ nèi de mù biāo　　qì wèi zé kě yǐ
种臭液可以射中3.5米以内的目标，气味则可以

piāo sàn dào　　mǐ zhī wài　　yīn cǐ　　shí ròu dòng wù bú dào wàn bù dé
飘散到800米之外。因此，食肉动物不到万不得

yǐ dōu bú huì dǎ chòu yòu de zhǔ yi
已都不会打臭鼬的主意。

尾巴当手用的熊狸

熊狸分布在印度、孟加拉国、尼泊尔、不丹、缅甸、印度尼西亚等东亚、南亚、东南亚地区，是亚洲特有物种。

虽然名字里又是熊又是狸，但熊狸跟这两种我们熟悉的动物关系不大，只是长得有些

相似，或者某些习性相同。它们属于食肉目的

灵猫科。

熊狸体重最高可达20千克，是世界上最

大的灵猫科动物，以植物的果实和各种能捕

获的小动物为食，喜欢待在茂密森林或者森

林和草地的交界处，大多数时间都在榕树上

生活。

熊狸最突出的地方要算那条几乎和身体等

长的大尾巴，不仅粗壮有力，还特别灵活，

可以起到类似人手或象鼻子那样的抓握作用，

能缠绕住树枝，帮助熊狸更好地固定身体。

ài chī guǒ zi de guǒ zi lí
爱吃果子的果子狸

guǒ zi lí shì yà zhōu tè yǒu dòng wù　　qī xī zài zhōng guó nán bù
果子狸是亚洲特有动物，栖息在中国南部

hé dōng nán bù 　 dōng yà de rì běn 　 nán yà de yìn dù dōng běi bù hé
和东南部、东亚的日本、南亚的印度东北部和

bā jī sī tǎn běi bù jí dōng nán yà de bù fen dǎo yǔ
巴基斯坦北部及东南亚的部分岛屿。

果子狸长得像狐狸和猫的结合体，体重3～5千克，是一种大型灵猫科动物。绝大部分果子狸脸部正中，从额头到鼻梁的位置都有一条白斑，搭配在黑色毛发中间，看上去就像刷了白漆。

果子狸的名字来源于它们的饮食偏好。调查发现，果子狸的食物中超过70%是各种鲜美的水果，其余则是植物的枝叶、嫩芽，以及各种动物类食物。果子狸的饮食习惯和它们的生活环境不无关系，它们生活的地方大都温暖湿润，非常适合植物生长。果子狸也是典型的树栖动物，一生中至少80%的时间在树上。

抢了大熊猫宝宝名号的小熊猫

我们可以把幼年的老虎叫作小老虎，幼年的大象叫小象，但却不能把幼年的大熊猫叫作小熊猫，因为这个名字属于另一种小型食肉动物。

小熊猫主要分布于中国西南地区，周边的南亚和东南亚地区也有分布。它们大多数时间在树上度过，共有两种，分别是中华小熊猫和喜马拉雅小熊猫。

和大熊猫一样，小熊猫虽然因为牙齿的特点被归入食肉目，主食却是竹笋和竹叶。在它们的前足上同样有一个从腕骨处长出来的"伪拇指"，在抓握竹子时可以起到辅助作用。

yǒu rén wèi le bǎ tā men hé yòu nián de dà xióng māo qū fēn kāi
有人为了把它们和幼年的大熊猫区分开

lái，jiù gēn jù tā men tǐ biǎo huǒ hóng sè de máo fà jiào tā men hóng
来，就根据它们体表火红色的毛发叫它们"红

xióng māo hái yǒu rén gēn jù xiǎo xióng māo wěi ba shàng de gè
熊猫"；还有人根据小熊猫尾巴上的9个

huán guǎn tā men jiào jiǔ jié láng
环，管它们叫"九节狼"。

"爱洗食物"的浣熊

浣熊也叫普通浣熊，生活在中北美地区，加拿大、美国、墨西哥、巴拿马都有分布，是浣熊家族中体形最大的。

乍看之下，浣熊和小熊猫很像，但细节差异很多。比如，浣熊的被毛更暗淡，主要为较浅的黑、灰、白、棕等颜色；从正面看，浣熊的眼睛周围有大块的黑色皮肤，看上去像戴了眼罩；从身后看，浣熊尾巴上的环节相对较少，为5~6条。

浣熊是典型的杂食动物，果子、蛋类、包括虾蟹在内的各种小型动物等，凡是能入口的都来者不拒。浣熊的另一个奇特行为是"清洗"食物。在清洗过程中，水会浸湿它们的手掌，上面的神经会变得更加敏感，这样可以让浣熊更好地判断找到的东西是否能吃。

团结的非洲野犬

非洲野犬是一种生活在撒哈拉沙漠以南地区的犬科动物，主要集中在非洲东部和南部的稀树草原、半荒漠、灌丛等植被较为稀疏或低矮的环境中，因身体呈黄、白、黑三色，也叫三色犬。每一只三色犬身上的三种颜色比例和分布位置都不相同，这是它们之间个体识别的标记。

非洲野犬的体重只有17~36千克，爪子和牙齿也不够锋利，身体条件在非洲的食肉动物中并不占优势，但捕猎成功率高于80%，比狮子的高将近3倍。

非洲野犬能取得如此突出的成绩，除了具备犬科动物普遍拥有的良好耐力，最重要的就是团结，在追逐猎物时，群体成员会通力合作，不断变换"领跑者"，这样每个个体都能节省体力，以便最后有力气完成猎食。用餐的时候，非洲野犬会让幼犬先吃。

唯一冬眠的犬科动物——貉

中国有个成语叫"一丘之貉","貉"指的是一种犬科动物，分布于欧亚大陆，中国、俄罗斯、日本、蒙古国、朝鲜、越南都有它们的踪迹。

貉的体重为 2.9～12.5 千克，是犬科动物中较为古老的一个分支。从形象上说，貉有点儿像浣熊和狗的结合体，拥有像狗一样的长嘴巴和黑鼻头，眼睛下方的两块黑斑又和浣熊相近。

貉是单独生活的动物，能适应森林、灌丛，甚至农田和城镇等多种环境，饮食上也从不"忌口"，谷物、果蔬、肉类来者不拒。它

men zuì zhǔ yào de hūn shí shì gè zhǒng niè chǐ dòng wù　　xià tiān huì dà liàng　bǔ
们最主要的荤食是各种啮齿动物，夏天会大量 捕

zhuō kūn chóng　　sù shí fāng miàn　　chūn tiān shì huā hé yè　　xià tiān zé yǐ guǒ
捉昆虫；素食方面，春天是花和叶，夏天则以果

wéi zhǔ　　shēng huó zài é luó sī děng hán lěng dì qū de hé　　jìn rù dōng jì
为主。生活在俄罗斯等寒冷地区的貉，进入冬季

hòu hái yǒu dōng mián de xí guàn　　shì wéi yī dōng mián de quǎn kē dòng wù
后还有冬眠的习惯，是唯一冬眠的犬科动物。

喜欢吃素的"狼"——鬃狼

通常来说犬科动物以吃肉为主，特别是名
字里带"狼"的，但生活在南美部分地区的鬃
狼是个另类。

鬃狼其实并不是狼，而是食肉目犬科鬃狼
属的动物，平均体长1米，体重约24千克，嘴

巴比较细长，耳朵很大，毛色以红色和黄褐色为主，长得有点儿像放大版的狐狸。其最明显的身体特征要数4条又细又长的腿了，它们的腿大约有1米长，是犬科动物中最长的。

虽然归属食肉目，但鬃狼和大熊猫一样，饮食上以素为主，喜欢的食物是巴西狼果、番荔枝、番石榴、仙人掌、香蕉等植物，偶尔才抓点儿兔子、老鼠和昆虫等小型动物开开荤。

鬃狼走路的样子也很特别，不像其他犬科动物那样身体一侧的两条腿交叉迈步，而是同时向前，看上去有点儿像顺拐。

用肚皮吸热的细尾獴

xì wěi měng sú chēng māo yòu   yě jiào hú měng   shì fēi zhōu xī nán
细尾獴俗称猫鼬，也叫狐獴，是非洲西南

bù tè yǒu wù zhǒng   xǐ huan zài gān hàn huò bàn gān hàn dì qū huó dòng   huāng
部特有物种，喜欢在干旱或半干旱地区活动，荒

mò   xī shù cǎo yuán   guàn cóng dōu néng zhǎo dào tā men   dòng huà diàn yǐng
漠、稀树草原、灌丛都能找到它们。动画电影

《狮子王》中"丁满"的原型就是细尾獴。

细尾獴是群居动物，以昆虫、蜘蛛、鼠类、幼鸟、鸟蛋甚至毒蛇为食。为防止在捕猎时成为其他动物的猎食对象，它们会自动分成两组，一组进食，另一组放哨。等到进食的这一组吃饱后，双方再交换过来。如果发现危险，"哨兵"就会发出警报，全体细尾獴都会以最快速度跑回洞穴内避险。

除了天敌，细尾獴面临的更大考验是气候。夜晚它们在洞穴里躲避严寒，白天则会在太阳下直起身板，用肚子上长黑毛的地方吸收热量，以便身体尽快暖和起来。

现存个子最高的陆地动物——长颈鹿

长颈鹿是现存个子最高的陆地动物，成年雄性长颈鹿身高接近6米，雌性长颈鹿也可达5米高。

能够在身高上压过大象，长颈鹿那条长脖子起了决定性作用。它们的脖子最长有2.4米，约是人类脖子长度的20倍。长颈鹿脖子如此长是由其颈椎的长度决定的，虽然和人类一样都有7节颈椎，但长颈鹿每一节的颈椎都很长，其中第二到第六的5节都长达30厘米。

虽然很长，但长颈鹿的脖子并不僵硬，因为它们每一节的颈椎之间都是由圆球形的球窝关节相连的，结构和人类的肩关节相同，非常

líng huó　　cháng jǐng lù zhī jiān dǎ jià　　　jīng cháng yòng bó zi dàng biān zi
灵活。长颈鹿之间打架，经常用脖子当鞭子，

hù xiāng chōu dǎ
互相抽打。

　　　cháng jǐng lù de lā dīng xué míng shì
　　长颈鹿的拉丁学名是 Giraffa camelopardalis，

qí zhōng　　　　　　　　　　bèi yì wéi zhǎng zhe bào wén de luò tuo
其中，"camelopardalis"被译为"长着豹纹的骆驼"，

yě fǎn yìng le cháng jǐng lù de wài zài tè zhēng
也反映了长颈鹿的外在特征。

067

长相奇特的霍加狓

zhōngxiàng qí tè de huò jiā pí

zài fēi zhōu gāng guǒ dōng bù de rè dài yǔ lín zhōng shēng huó zhe
在非洲刚果东部的热带雨林中，生活着

yì zhǒng zhǎng xiàng qí tè de dòng wù kàn shàng qù xiàng cháng jǐng lù
一种长相奇特的动物，看上去像长颈鹿

hé bān mǎ de jié hé tǐ míng jiào huò jiā pí
和斑马的结合体，名叫霍加狓。

huò jiā pí shēn gāo mǐ shēn tǐ dà bù fen dì fang de
霍加狓身高 1.5～2 米，身体大部分地方的皮毛呈棕红色，但臀部和四肢却长有类似斑马的黑白条纹。从关系上说，霍加狓是长颈鹿的亲戚，这一点从霍加狓头顶上被皮毛包裹的角就能看出。

在漫长的演化和自然选择后，霍加狓的身体拥有了很多适应性变化，例如，它们每天只需要1小时的深睡眠，而且是分12次进行的，每次也就5分钟左右。新出生的小霍加狓至少要到一个月后才能正常排泄大便，这是因为大便的气味很容易引来食肉动物，而刚出生的霍加狓非常弱小，无法快速奔跑。

獠牙像鹿角的鹿豚

在印度尼西亚的苏拉威西岛及周边的一些岛屿上，生活着长相奇特的动物——鹿豚。

鹿豚的模样、身材和猪非常相似，亲缘关系上也和猪接近，同属于偶蹄目猪科动物。说它们长相奇特主要指雄性鹿豚的牙齿，成年雄性鹿豚除嘴巴里长有两颗向后弯曲生长的獠牙外，面部正中还有两颗獠牙，是穿透上唇和鼻腔长出来的，看上去像鹿角。

和老鼠的牙一样，鹿豚的獠牙也是终生生长的。由于方向朝后，鹿豚的獠牙并不

shì hé gé dòu rú guǒ zhǎng wāi le hái kě néng cì dào zì jǐ de
适合格斗，如果长歪了还可能刺到自己的
yǎn jing
眼睛。

guì zhe 跪着 chī cǎo de 吃草的 yóu zhū 疣猪

yóu zhū shì fēi zhōu tè yǒu dòng wù dòng wù xué jiā gēn jù bù tóng
疣猪是非洲特有动物，动物学家根据不同

tè zhēng jiāng tā men fēn chéng zhǒng yì zhǒng jiào fēi zhōu yóu zhū shēng huó
特征将它们分成2种：一种叫非洲疣猪，生活

zài sā hā lā shā mò yǐ nán de guǎng mào dì qū shì jīng diǎn dòng huà piàn
在撒哈拉沙漠以南的广袤地区，是经典动画片

《狮子王》中"蓬蓬"的原型；另一种叫荒漠疣猪，生活在东非的埃塞俄比亚和索马里等地区的高山地带。

疣猪的名字来源于它们脸上肉瘤一样的凸起，雄性有4个，雌性有2个，这些鼓包一样的凸起有着保护眼睛的作用。

和我们熟悉的猪相比，疣猪的腿比较长，特别是前腿。长腿有助于它们在遇到天敌时快速逃跑，但吃饭时很麻烦。疣猪最喜爱的食物是地面上的草，较短的脖子让它们的嘴巴无法够到地面，这时就需要跪下来用餐。

疣猪会在满是泥巴的水里打滚，把湿漉漉的泥巴沾到身上。虽然看上去很脏，却是它们降温和避免蚊虫叮咬的最好手段。

满脸大胡子的须猪
mǎn liǎn dà hú zi de xū zhū

wǒ men shú xi de hěn duō dòng wù cí xióng liǎng xìng dōu yǒu míng xiǎn
我们熟悉的很多动物，雌雄两性都有明显

de yàng mào chā bié bǐ rú xióng shī yǒu liè máo cí shī méi yǒu
的样貌差别，比如：雄狮有鬣毛，雌狮没有；

xióng jī de guān zi hěn dà cí jī guān zi xiǎo děng dàn shēng huó zài
雄鸡的冠子很大，雌鸡冠子小等。但生活在

东南亚马来半岛、加里曼丹岛、苏门答腊岛等地的须猪是个例外。

须猪不论雌雄，脸上都长有一大把又长又密的胡须，这也是它们名字的由来。虽然满脸的大胡子让须猪看上去很热也不大精神，但十分有用。须猪主要生活在红树林、常绿雨林、海滩等湿润的地方，当它们挖掘地下的食物时，带出来的泥水难免会溅到眼睛、鼻子、嘴巴里，长而密的胡须刚好起到阻挡的作用。

除了自己"动手"挖食物，须猪有时也会跟踪猴群，捡食它们吃剩的果子。

上犬齿朝下长的西猯

shàng quǎn chǐ cháo xià zhǎng de xī tuān

在美洲大陆上，生活着4种像野猪一样的
zài měi zhōu dà lù shàng   shēng huó zhe   zhǒng xiàng yě zhū yí yàng de

动物，它们被统称为"西猯"，归属于西猯
dòng wù   tā men bèi tǒng chēng wéi   xī tuān   guī shǔ yú xī tuān

科，是猪类动物大家族的成员。

和欧亚大陆的亲戚不同，美洲大陆的西猯虽然也有长长的獠牙，但两颗上獠牙是朝下长的，不像我们熟悉的野猪那样是向上及两侧生长的，再加上个头儿较小（最大的西猯也不过 50 千克），看上去不那么狰狞恐怖。

西猯的别名是"臭鼬猪"，这是因为它们身体表面的腺体中会散发出类似麝香的刺鼻气味。不过，这种气味不是为了抵御天敌，而是用作同类间划定领地、相互交流的工具。

吃肉的鹿——黑麂

在我们的惯性思维中，鹿是纯粹的食草动物。然而，生活在我国南方地区的黑麂却是一个另类。

黑麂是中国特有物种，因尾巴上的黑毛而得名，平均体长1米左右，体重大

约 25 千克，是一种小型的鹿科动物，俗称

"蓬头鹿"，这个俗称来源于它们头顶长

而蓬松的毛发。

　　黑麂不论雌雄都有外露的上犬齿，雄性

的很长，酷似野猪的獠牙，是同类间格斗的

武器。黑麂独居生活，主要以百合、杜鹃类

植物的花和叶为食。为防备天敌偷袭，它们

用餐时往往只吃几口就会立即躲到隐蔽的

地方，所以一顿饭要吃很长时间。

　　动物学家曾在黑麂的胃里发现被消化的肉

块，表明黑麂也能吃肉。

不长角却长獠牙
的鹿——獐

獐是一种小型鹿科动物，平均体重不足15千克，栖息在中国东南地区和朝鲜半岛，是东亚特有动物。

和其他鹿家族的亲戚相比，雄獐的头上没有鹿角，是唯一一种雌雄都不长角的鹿。虽然没有角，但雄獐的上犬齿很长，如獠牙般露在嘴巴外。由于体形太小，獐的獠牙并不能用来对抗天敌，而只是作为同类雄性成员间格斗的工具。

獐通常单独或集结成小群生活，喜欢在靠近水边的草地、芦苇荡、沼泽地附近活动，以

草、芦苇、灌木的叶子等为食，非常善于游泳，有时会涉水寻找食物。

雌雄都长角的驯鹿

提到驯鹿，估计很多人首先想到的是圣诞老人的坐骑。驯鹿是典型的寒带动物，一身厚厚的皮毛让它们能够抵御严寒。驯鹿主要分布于中国大兴安岭、俄罗斯西伯利亚以东地区，以及北欧、北美、格陵兰等地的苔原或针叶林中。

驯鹿体重为90～270千克，属于大中型鹿类，是鹿家族中唯一雌雄都长角的成员，通常集大群生活，吃树叶、树皮、草、苔藓、地衣和蕨类植物，拥有异常灵敏的嗅觉，能在极寒的冬季嗅到被积雪掩埋的植物散发出的气味，从而找到食物，填饱肚子。

每年冬季临近，驯鹿都会踏上迁徙之路，到相对温暖的南方过冬，第二年夏天再回到北方。

走高山如履平地的中华鬣羚
zǒu gāo shān rú lǚ píng dì de zhōng huá liè líng

中华鬣羚是主要栖息在中国的中型食草
zhōng huá liè líng shì zhǔ yào qī xī zài zhōng guó de zhōng xíng shí cǎo

动物，中国西南、西北、华中、华东地区的
dòng wù zhōng guó xī nán xī běi huá zhōng huá dōng dì qū de

崇山峻岭间都有它们的踪迹。
chóng shān jùn lǐng jiān dōu yǒu tā men de zōng jì

单看名字，中华鬣羚似乎和羚羊有关，其
dān kàn míng zi zhōng huá liè líng sì hū hé líng yáng yǒu guān qí

实它们是羊的亲戚，这点从头顶那对短而弯
shí tā men shì yáng de qīn qi zhè diǎn cóng tóu dǐng nà duì duǎn ér wān

曲，和山羊角相似的犄角就能看出。"羚"字则来源于其颈肩以及背部前端银白或灰色的长毛，看上去像马的颈部鬃毛。再加上像驴的耳朵和像牛的蹄子，中华鬣羚得到了一个和麋鹿相同的俗名"四不像"。

中华鬣羚的另一个绰号叫"天马"，这源于它们强大的山地行走能力。中华鬣羚的蹄四周硬中间软，具有类似吸盘的作用；上面还布满了神经，能让它们在陡峭的山林间行走时感受到脚下的细微变化，从而及时调整重心。

绵羊的近亲——亚洲盘羊

在中国西藏、内蒙古、甘肃、新疆等地区，以及中国周边一些国家的荒野中，生活着一种长相酷似绵羊，但犄角更大，身体更强壮的动物——亚洲盘羊。

亚洲盘羊看上去和绵羊很像，两者有很近的亲缘关系。亚洲盘羊和绵羊的祖先东方盘羊是同属物种，两者算得上是兄弟或姐妹。

亚洲盘羊是所有盘羊中体形最大、腿最长的，较大的体重让它们在遇到天敌时很难像其他盘羊那样跳上山崖逃生，而是会发挥腿长的优势，奋力逃跑。

公亚洲盘羊打架时会用螺旋状的角相互
撞击，它们的犄角和颅骨之间有隔层，可以起
到减震的作用，不用担心得脑震荡。

擅长攀岩的岩羊

岩羊是中等体形的羊，分布在青藏高原、喜马拉雅山、帕米尔高原、内蒙古中部、甘肃南部、四川西部地区，是亚洲的特有动物。

一个"岩"字说明了岩羊的生存环境，它们喜欢在海拔2500~5500米，植被较少，布满岩石的陡峭山坡上活动，以禾本科植物、草、地衣为食。

岩羊能在峭壁上行动自如，得益于其特殊的足趾结构。它们的足趾非常细，走路时蹄子刚好可以插入石头的缝隙，而且蹄子底

bù āo tū bù píng ， pān pá shí kě yǐ zēng dà mó cā lì ， bì miǎn
部凹凸不平，攀爬时可以增大摩擦力，避免

dǎ huá ， tiào yuè shí hái kě yǐ jiǎn zhèn
打滑，跳跃时还可以减震。

用眼眶做标记的汤氏瞪羚

汤氏瞪羚生活在非洲东部广袤的稀树草原上，是非洲特有的牛科动物。

汤氏瞪羚是一种小型的羚羊，体长0.65～1.1米，体重25千克。因为体形较小，它们通常集群生活，以应对食肉动物的偷袭。

汤氏瞪羚的食物90%是草，为保障一年四季都能吃到鲜嫩的青草，它们每年都要跨越马拉河，在塞伦盖蒂和马赛马拉两个草原之间迁徙。

迁徙时，汤氏瞪羚会跟在斑马群和角马群的后面，这是因为它们喜欢吃靠近土壤的根部嫩草，而斑马和角马分别喜欢草的上部和中部。

除了吃草，汤氏瞪羚还会在草地上标记气味，它们会从眼眶下面的腺体中分泌出一种液体，再涂抹在草上，以此来联络同伴。

用臭味自保的水羚

水羚是一种生活在非洲的羚羊，体重可达300千克，在羚羊家族里属于中等偏大的体形。从名字不难看出，它们喜欢生活在湖泊、沼泽、湿地等靠近水的地方。

水羚是群居生活的动物，它们的臀上有一个由白色绒毛组成的圈，在草原上奔跑时非常醒目，是辨别同伴的标识。

在面对食肉动物时，水羚有一个秘密武器——臭味。水羚的汗腺里能分泌一种油脂，会散发出刺鼻的臭味。这种臭味会随着年龄增大、奔跑速度下降而愈发强烈。正是由于水羚身上难闻的气味，狮子、花豹等大型猛兽不到万不得已都不会对它们下手。

臀上"有心"的普氏原羚

普氏原羚是中国特有物种，学名来自最早将其标本呈现给科学界的沙俄探险家普尔热瓦尔斯基，如今只栖息在青海省。因雄性头顶长有一对向内弯曲、角尖相对的角，也叫

zhōng huá duì jiǎo líng
"中华对角羚"。

pǔ shì yuán líng píng jūn tǐ cháng yuē
普氏原羚平均体长约

lí mǐ tǐ zhòng qiān kè zuǒ
130厘米，体重25千克左

yòu shǔ yú zhōng xiǎo xíng líng yáng tún
右，属于中小型羚羊。臀

shàng de xīn xíng bái quān shì tā men de lìng
上的心形白圈是它们的另

yí gè tè zhēng dàn máo sè yǐ huáng sè wéi zhǔ yīn cǐ yě bèi dāng dì
一个特征，但毛色以黄色为主，因此也被当地

mù mín sú chēng wéi huáng yáng
牧民俗称为"黄羊"。

pǔ shì yuán líng yōng yǒu hěn qiáng de shēng cún néng lì kě yǐ
普氏原羚拥有很强的生存能力，可以

zài gān hàn pín jí de dì qū cún huó zhì shǎo yǒu zhǒng zhí wù dōu
在干旱贫瘠的地区存活，至少有50种植物都

zài tā men de shí pǔ zhōng qí zhōng shèn zhì bāo kuò yì xiē yǒu dú
在它们的食谱中，其中甚至包括一些有毒

de zhí wù
的植物。

犄角如剑的剑羚
jī jiǎo rú jiàn de jiàn líng

剑羚也叫长角羚，全世界共有4种，除
jiàn líng yě jiào cháng jiǎo líng　quán shì jiè gòng yǒu　zhǒng chú

阿拉伯剑羚生活在西亚外，其余3种都在
ā lā bó jiàn líng shēng huó zài xī yà wài　qí yú　zhǒng dōu zài

非洲。
fēi zhōu

成年剑羚无论雌雄都长有细长的犄角，
chéng nián jiàn líng wú lùn cí xióng dōu zhǎng yǒu　xì cháng de jī jiao

有些种类的笔直，有些种类的稍微弯曲，
yǒu xiē zhǒng lèi de bǐ zhí　yǒu xiē zhǒng lèi de shāo wēi wān qū

但都非常锋利。不同种类的剑羚体形差别很大，最小的阿拉伯剑羚只有100千克左右，而最大的南非剑羚则超过200千克，有些雄性甚至接近250千克，犄角也是最长的，能达到1.5米。

拥有极长的尖角，剑羚在面对食肉动物时自然多了几分抵抗的资本和勇气，狮子、花豹、猎豹都有过被剑羚顶伤甚至致死的记录。动物摄影师甚至拍到过一只剑羚以一对二，打退两只狮子的视频。

能长时间两足站立的长颈羚

长颈羚是生活在非洲东部的一种羚羊，主要在灌木较少的干旱地区活动。

长颈羚体长约1.5米，体重约40千克，在羚羊家族里属于中等偏小的体形，但却可以吃到一些大型羚羊才能够到的、位置比较高的枝叶，其中一方面得益于让它们得名的长脖子，另一方面有赖于两条强健有力的后腿。凭借这两条腿，长颈羚可以长时间直立，用近似于人的直立姿态站着。这样不仅能吃到更高处的枝叶，还能拥有更好的视野，居高临下发现隐藏在灌丛里的天敌。

如果遇到危险，长颈羚会藏身在灌丛中，

一动不动，收敛气息，凭着与环境颜色相似的皮毛进行伪装，和背景融为一体，让天敌难以发现它们的踪迹。但是，如果猛兽离得近了，长颈羚就会从灌丛中冲出去，立即逃跑。

可可西里的骄傲——藏羚

在被称为"世界屋脊"的青藏高原上，生活着一种形象酷似羚羊的动物——藏羚，2008年北京奥运会的吉祥物迎迎，就是以其为原型设计的。

虽然藏羚有与羚羊相似的外形，但从基因上说，它们和山羊、绵羊的关系更密切。成年藏羚体重可达42千克，雄性头顶长有一对笔直朝天的角，是用来争夺配偶的武器。

每年春夏时期，藏羚都会迁徙。在这个过程中，藏羚的队伍会一分为二，所有的雄性聚成一组，做短距离迁徙；雌性则会长途跋涉，

一路北上到达可可西里腹地的卓乃湖、太阳湖一带，在那里生下小宝宝。之所以要迁徙到不同的地方，是为了避免在一个区域内过于集中，导致食物匮乏。

生活在北极的麝牛

　　麝牛是大型有蹄类动物，生活在北美和北欧地区，是典型的北极苔原物种，也是住得最靠北的牛科动物。

　　体形最大的麝牛大约1吨重，正常体重的也在200～410千克，配上体表又厚又长的毛发，使得它们看起来的确"状如牛"。不过在分类上，麝牛属于羚羊亚科，和牛（属于牛亚科）的关系相对较远。这点从犄角和尾巴上也能看出：麝牛的角长在头顶正上方，而牛角则长在两侧；麝牛的小短尾巴也和长长的牛尾大相径庭。

麝牛的眼睛周围长有能分泌香味的腺体（一次分泌太多则会变臭），是它们得名的原因。在遇到食肉动物时，麝牛群会迅速围成三层防御阵型，母麝牛会把孩子护在中间，体形更大的公麝牛在最外面，必要时会以每小时50千米的速度冲击对方。

liù bú xiàng líng niú
六不像——羚牛

zài wǒ guó xī nán jí xǐ mǎ lā yǎ shān mài fù jìn de yìn dù bù
在我国西南及喜马拉雅山脉附近的印度、不

dān miǎn diàn děng guó jìng nèi shēng huó zhe zhǎng xiàng qí tè de yǒu tí dòng
丹、缅甸等国境内，生活着长相奇特的有蹄动

wù líng niú
物"羚牛"。

líng niú shì yà zhōu tè yǒu dòng wù gòng yǒu zhǒng tā men de shēn
羚牛是亚洲特有动物，共有4种，它们的身

tǐ kàn qǐ lái xiàng zhǒng dòng wù de hé chéng pǐn jiǎo de xíng zhuàng kù sì
体看起来像6种动物的合成品：角的形状酷似

jiǎo mǎ de jiǎo liǎn xíng hé tuó lù jiē jìn bèi bù yǒu xiàng zōng xióng yí
角马的角，脸形和驼鹿接近，背部有像棕熊一

样凸起的肌肉，四肢粗壮如牛，站立时后腿弯曲似斑鬣狗，身后是一条山羊尾巴般扁宽的尾巴，俗称"六不像"。

羚牛的一个别名是"扭角羚"，在现存动物中它们和绵羊关系最近，但脾气比绵羊暴躁得多，曾有过顶伤大熊猫的记录。从生物竞争的角度说，羚牛对大熊猫的威胁甚至大于食肉动物，因为羚牛喜欢在树上蹭角，这会导致很多树因掉皮而死亡，最后成为"倒木"。大熊猫不喜欢倒木，如果倒木太多，可供它们栖息的地方就少了。

擅跑不擅跳的叉角羚

叉角羚是北美地区特有动物，分布在加拿大、美国、墨西哥境内，拥有像鹿一样分叉的角。虽然名字里有个"羚"字，但叉角羚并不属于羚羊家族，在生物分类上，它们在偶蹄目之下独自构成叉角羚科。

叉角羚所生活的地方主要是开阔的草原，一望无际不利于隐蔽，为逃离食肉动物的追杀，它们练就了出色的速度和耐力，能以平均每小时70千米的速度持续奔跑好几千米，短距离内的速度更是高达每小时86千米。

平坦的地形锻炼了叉角羚的奔跑能力，却削弱了它们的跳跃能力，高1米左右的围栏往往就会让叉角羚望而却步。

沙漠之舟——骆驼

提到沙漠中的代表动物，估计很多人都会首先想到骆驼。

从分类上讲，骆驼并不是某种特定的动物，而是偶蹄目骆驼科动物的统称。我们平时所说的"沙漠之舟"，指的是有驼峰的骆驼，即双峰驼和单峰驼。

能驼着货物在沙漠中长途跋涉，骆驼靠的是体内充足的能量和水。骆驼通过一次性大量进食获取多于身体所需的营养，多出来的部分就转化成脂肪储存在驼峰内当备用"干粮"，等到没有食物的时候提供给身体。喝水也是如

cǐ   luò tuo de wèi shàng yǒu hěn duō zhě zhòu   kě yǐ qǐ dào chǔ cáng shuǐ
此，骆驼的胃上有很多褶皱，可以起到储藏水

fèn de zuò yòng   chú cǐ zhī wài   luò tuo tè shū de bí qiāng jié gòu hé
分的作用。除此之外，骆驼特殊的鼻腔结构和

shèn gōng néng yě yǒu zhù yú shuǐ fèn de bǎo cún
肾功能也有助于水分的保存。

"流血"的河马

如果一个人身上流出了红色的液体，我们可以判断他可能受伤了，但如果是一头河马，情况就完全不同。

河马是非洲特有动物，平均体重可达2吨，是仅次于大象和白犀的非洲第三大陆生动物。虽然是食草动物，河马口中却有巨大而锋利的犬齿，可以用于自卫和格斗。

生活在酷热的非洲，防晒是必不可少的。河马没有汗腺，毛发也寥寥无几，为了避免皮肤被太阳晒坏，它们身上的黏液腺中会分泌一种黏稠的液体，这种液体中含有红色色素，以至于排出体外后的一段时间内会呈现红色。利用这种液体，河马能有效避免紫外线对皮肤的伤害。

不过，和人类的防晒霜一样，河马的红色液体对皮肤的保护只是暂时的，所以它们大多数时间还是喜欢待在水中。

牙齿像角的——角鲸

一角鲸也叫独角鲸，体长可达6米，体重约1600千克，生活在北冰洋的冰冷海域，是经典科幻小说《海底两万里》中独角兽的原型。

一角鲸最显著的特征是头部左侧螺旋状的"角"，这个角其实是上颌左侧牙齿的延伸。一角鲸只有两颗牙齿，长在上颌的左右两侧，大多数雄性和少数雌性的左上牙很长（可达3米），突出在嘴外；极少数的雄性一角鲸右侧上牙也很长；大多数雌性一角鲸牙齿不外露。

一角鲸以北极鳕鱼和比目鱼为主食，它们捕猎时不会用长牙当鱼叉，而是快速冲过去，张开大嘴一口吞下。长牙的作用主要是吸引异性。通常来说，只有牙齿最粗、最长的雄性一角鲸才能获得雌性的芳心。

聪明的海洋霸主——虎鲸

虎鲸也叫逆戟鲸，体长5～9米，是现存鲸类中唯一以海兽为食的（其他齿鲸都是吃鱼或者软体动物）。从形态上看，虎鲸有点儿像大型的海豚，它们在生物分类中也属于海豚科。

和海豚是亲戚，虎鲸自然拥有极高的智商，它们不仅可以用不同的声音和族群以及同一片海域内的其他虎鲸家族交流，甚至可以模仿那些生活在较远地方的虎鲸的叫声。

捕猎时，虎鲸会根据不同猎物采用不同方法。面对体形更大的鲸，它们会充分发挥集体优势，通过不断骚扰，消耗对方的体力。面对大白鲨，虎鲸会直接将其撞翻（大白鲨在猛烈刺激后会进入假死状态）。除了主动出击，虎鲸有时还会故意把肚子朝上"装死"，等海鸟靠近后再突然将对方一口吞下。

唯一终身生活在淡水中的
江豚——长江江豚

长江江豚是我国特有的水生哺乳动物，栖息于长江中下游及部分支流中，是唯一只生活在淡水中的江豚。在生物分类中，长江江豚属于海豚科，和海洋霸主虎鲸是亲戚，是一种小型齿鲸。

长江江豚性格温顺，体长约1.5米，头部圆圆的，张嘴时的样子很像在笑，被誉为"微笑天使"。既然属于鲸类，长江江豚自然也拥有声呐系统，它们额头隆起的地方被称为"额隆"，具有增强所发射的声波信号强度并调整方向的作用，有助于更快地寻找鱼群。

虽然是水生动物，但长江江豚的潜水能力并不强，平均每分钟要浮出水面呼吸两三次，持续憋气的时长甚至不如专业潜水员。为防止刚出生的小长江江豚溺水，长江江豚妈妈会用身体把小长江江豚托出水面。

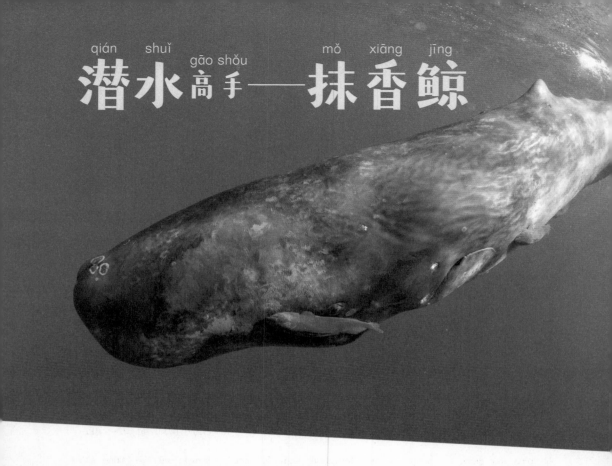

潜水高手——抹香鲸

抹香鲸是世界上体形最大的齿鲸，较大个体体长超过18米，体重可达70吨，因肠道内可形成"龙涎香"（一种消化道残余物）而得名。

抹香鲸是最擅长潜水的几种动物之一，最深可下潜到2250米，最长可潜水80分钟。能做到这一点，除了极大的肺活量，还和身体留存氧气的能力有关。在潜水前，抹香鲸会在水面上吸足氧气，这些氧气中大约有一半会储存到肌肉和血液中，为身体提供能量。人类的潜艇就是仿照抹香鲸的身体原理制造的。

因为有了强悍的潜水能力，抹香鲸的食物也主要是乌贼、鱿鱼、章鱼等深海中的软体动物，这其中最大的猎物要数生活在南极海域，在一些影视作品中号称可以和抹香鲸打架的大王酸浆鱿（最大的头足纲动物）了。

马的亲戚——貘

在东南亚和中南美洲的一些热带雨林及山地中，分别生活着几种身材像猪，鼻子大而突出的的动物，它们有个共同的名字——貘。

虽然长得像猪和大象的结合体，貘却和马是近亲，两者都属于奇蹄目。貘有5种，不同地区的貘体形大小、皮毛颜色各不相同，体形最大的是生活在亚洲的马来貘，马来貘也是唯一成年后拥有黑白两种毛色的貘，其余4种生活在美洲的貘皮毛都只是一种颜色。

貘通常独居生活，同伴之间除气味外还

<ruby>会<rt>huì</rt></ruby><ruby>以<rt>yǐ</rt></ruby><ruby>类<rt>lèi</rt></ruby><ruby>似<rt>sì</rt></ruby><ruby>吹<rt>chuī</rt></ruby><ruby>口<rt>kǒu</rt></ruby><ruby>哨<rt>shào</rt></ruby><ruby>的<rt>de</rt></ruby><ruby>叫<rt>jiào</rt></ruby><ruby>声<rt>shēng</rt></ruby><ruby>相<rt>xiāng</rt></ruby><ruby>互<rt>hù</rt></ruby><ruby>联<rt>lián</rt></ruby><ruby>系<rt>xì</rt></ruby>。<ruby>貘<rt>mò</rt></ruby><ruby>拥<rt>yōng</rt></ruby><ruby>有<rt>yǒu</rt></ruby><ruby>较<rt>jiào</rt></ruby><ruby>强<rt>qiáng</rt></ruby><ruby>的<rt>de</rt></ruby><ruby>游<rt>yóu</rt></ruby><ruby>泳<rt>yǒng</rt></ruby><ruby>本<rt>běn</rt></ruby><ruby>领<rt>lǐng</rt></ruby>，<ruby>这<rt>zhè</rt></ruby><ruby>使<rt>shǐ</rt></ruby><ruby>得<rt>de</rt></ruby><ruby>它<rt>tā</rt></ruby><ruby>们<rt>men</rt></ruby><ruby>不<rt>bù</rt></ruby><ruby>仅<rt>jǐn</rt></ruby><ruby>能<rt>néng</rt></ruby><ruby>以<rt>yǐ</rt></ruby><ruby>水<rt>shuǐ</rt></ruby><ruby>生<rt>shēng</rt></ruby><ruby>植<rt>zhí</rt></ruby><ruby>物<rt>wù</rt></ruby><ruby>为<rt>wéi</rt></ruby><ruby>主<rt>zhǔ</rt></ruby><ruby>食<rt>shí</rt></ruby>，<ruby>还<rt>hái</rt></ruby><ruby>能<rt>néng</rt></ruby><ruby>够<rt>gòu</rt></ruby><ruby>下<rt>xià</rt></ruby><ruby>水<rt>shuǐ</rt></ruby><ruby>躲<rt>duǒ</rt></ruby><ruby>避<rt>bì</rt></ruby><ruby>天<rt>tiān</rt></ruby><ruby>敌<rt>dí</rt></ruby><ruby>美<rt>měi</rt></ruby><ruby>洲<rt>zhōu</rt></ruby><ruby>豹<rt>bào</rt></ruby>。

身体不白的白犀

白犀是非洲特有动物，分布于非洲南部和东北部地区，有南部白犀和北部白犀两个亚种，现今，北部白犀的野外种群已经灭绝。

白犀的皮肤呈灰黑色，以"白"为名完全是个"乌龙"。白犀最初的名字叫宽吻犀，是荷兰人根据它们嘴巴宽大的特点起的。由于荷兰语中表示宽大的单词和英语中表示白色的单词发音非常相似，以至于当时统治南非的英国人听错了，而英语在世界上使用广泛，白犀的叫法也就将错就错下去了。

和其他犀牛主要吃枝叶不同，白犀的食物几乎全是草，扁宽的大嘴让它们在进食时可以像割草机一样，贴着地皮啃食青草。

长獠牙的印度犀
zhǎng liáo yá de yìn dù xī

印度犀主要分布于印度东北部和尼泊尔境
yìn dù xī zhǔ yào fēn bù yú yìn dù dōng běi bù hé ní bó ěr jìng

内，是南亚地区的特有物种。
nèi shì nán yà dì qū de tè yǒu wù zhǒng

和我们熟悉的黑犀、白犀鼻子上方长有长
hé wǒ men shú xi de hēi xī bái xī bí zi shàng fāng zhǎng yǒu cháng

而锋利的角不同，印度犀的角很短，根本无法用来格斗和自卫，它们安身立命的法宝是庞大的体形和锋利的獠牙。

雄性印度犀的平均体重约为2200千克，雌性也有1600千克，在犀牛家族里仅次于白犀。在感觉到危险时，它们会倚仗强大的冲击力，以平均每小时45千米的速度，用自己的大身板撞击对方。如果这个方法不行，那就直接上嘴。印度犀的獠牙最长可达9厘米，非常锋利，足以给任何对手以重创。动物园内就曾发生过印度犀咬死黑犀的事。

雄性才长角的爪哇犀

爪哇犀是亚洲特有动物，曾遍布整个东南亚和东亚的部分地区，如今只栖息在印度尼西亚爪哇岛西部的国家公园内，热带雨林和红树林沼泽是它们的主要活动场所。

爪哇犀是世界上雌雄差异最明显的犀牛，只有雄性才长角（其他犀牛都是两性都有角），嫩芽、枝叶、果实是它们的主食，平均寿命37年，最长可达50年。在现存的犀牛中，爪哇犀和印度犀关系最近，两者都属于独角犀属，但爪哇犀体形要略小一些，平均体重只有1500千克。

爪哇犀不仅骨骼形态和亲缘关系接近印度犀，生活习性也类似，虽然头上有角，但它们还是习惯用獠牙对付来犯之敌。

全身长毛的苏门答腊犀

苏门答腊犀是世界上体形最小的犀牛，体重为500～1000千克，也是亚洲唯一长两只角的犀牛，因最早发现于苏门答腊岛而得名，该岛也是这个物种最主要的分布区域。

苏门答腊犀是现存犀牛中最古老的，祖先在大约2000万年前就已经出现。它们也是现存犀牛中毛发最多的，全身覆盖着红棕色被毛，和已经灭绝的披毛犀是近亲。

苏门答腊犀还是最善于"交际"的犀牛，它们喜欢用声音来联络同伴。有时，为了表达不同的情感，苏门答腊犀还会发出不同的

128

声响：平日里打招呼会发出"咦"的短促声音；遇到危险时则会发出很尖的声音，类似吹哨；而在表示高兴时，它们的声音则有点儿像露脊鲸的叫声，有人因此形容它们会唱"鲸歌"。

喜欢用牙齿打架的斑马

斑马曾是非洲特有动物，目前已引入北美并野化放归，共有3种，它们的皮肤是黑色的，名字来源于皮肤表面黑白两色混搭的被毛。

和马比起来，斑马更强壮，体重超过300千克，因为长期跟狮子、豹、斑鬣狗等猛兽"打交道"，它们的性格也更凶悍。当遇到食肉动物或同类中的挑战者时，斑马主要会采用踢和咬两种攻击方式。踢就是两条后腿同时向后猛踹，这一踢的力量和中型卡车以每小时100千米的速度撞击的力度相差无几，足以重创任何对手。咬则是指斑马喜欢用锋利的犬齿进行撕咬，它们也因此有了"老虎马"的绰号。

关于斑马条纹的作用，过去人们普遍认为是一种保护色，也有观点认为是同伴间相互辨别的依据，最新的研究则显示黑白条纹有助于防止蚊虫叮咬。

bí kǒng cháo tiān de jīn sī hóu
鼻孔朝天的金丝猴

zài zhōng guó xī nán děng dì yǐ jí yuè nán hé miǎn diàn de mì lín
在中国西南等地以及越南和缅甸的密林

zhōng fēn bié shēng huó zhe zhǒng xíng xiàng jiē jìn dàn máo sè bù tóng de
中，分别生活着5种形象接近，但毛色不同的

132

猴，它们有个统一的俗名"金丝猴"。

虽然都叫金丝猴，但严格说起来，只有生活在中国四川、陕西、湖北神农架的金丝猴才拥有一身金黄色皮毛，其余地区的种类则以黑色、白色、灰色毛发为主。不过，这5种金丝猴还是有很多相似之处的，比如它们都鼻孔朝天，动物学家根据这个特点，给它们起了个学名"仰鼻猴"。

虽然鼻孔朝天，但金丝猴并不担心下雨时鼻子会进水，它们向前凸出的额头就像个顶棚，可以阻挡雨水。如果下大了，金丝猴会躲到浓密的树冠层下避雨。

会反刍的长鼻猴

在我们的印象中，反刍似乎只是牛、羊、鹿等有蹄动物的专属本领，但生活在东南亚加里曼丹岛红树林里的长鼻猴改变了人们的认知。

长鼻猴的名字来源于雄性脸上那又大又长的鼻子，其长度在 7 厘米左右，都延伸到嘴巴边上了，导致它们吃东西时都不得不歪一下。

长鼻猴以富含纤维素的枝叶为食，它们拥有一个很大的、形状如同袋子一样的胃，胃的结构和反刍动物的很像，可以将那些半消化的植物叶子返回嘴里再次咀嚼，从而充分吸收其中的营养。凭借反刍的本事，长鼻猴可以消化很多其他灵长类动物无法消化的植物，所食用的植物种类也更多。

不以螃蟹为主食的食蟹猴

食蟹猴是一种广泛分布于东南亚地区的灵长类动物，以数十只到上百只不等规模的群体为单位，在热带雨林、原始森林、红树林、次

生林等林地环境中生活，淡水沼泽、灌丛草原，甚至人类的橡胶园也能看到它们的身影。

虽然名字里有"食蟹"二字，但食蟹猴的饮食习惯以素为主，喜欢吃各种植物的果实；包括螃蟹、鱼，以及其他各种小动物在内的肉类食物，只是"辅食"。

食蟹猴具有高超的游泳技能，这种技能不仅让它们有机会去品尝水中的美味，遇到危险时，还能帮助它们渡水逃跑。

唯一吃草的灵长类动物——狮尾狒

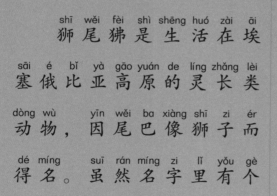

狮尾狒是生活在埃塞俄比亚高原的灵长类动物，因尾巴像狮子而得名。虽然名字里有个"狒"字，但狮尾狒严格来说并不是"狒狒"，在生物分类中属于独立的狮尾狒属，胸部红色的心形斑块是它们区别于狒狒的最显著特征。

从饮食习惯上说，狮尾狒也和狒狒不尽相同，狒狒荤素搭配，各种植物的枝叶、根茎、果实，能捕捉到的小型动物全都在其食谱中；狮尾狒则是纯素食者，而且是灵长类中唯一吃草的，草在它们食物中的比例高达90%。

狮尾狒通常群居生活，因为体重较大，它们无法像猴子那样在树上跳跃，却可以凭借强有力的前肢爬上高高的悬崖。每天晚上，它们都会到悬崖上睡觉，也因此得到了"悬崖之王"的绰号。

有毒的蜂猴

说起能释放毒素的动物，我们首先会想到各种毒蛇以及河豚。其实，灵长类动物中同样有用毒高手，这就是蜂猴。

蜂猴个头儿很小，平均只有20厘米高，1.5千克重，拥有一对很大的眼睛，生活在中国西南部，以及印度东北部和孟加拉国等地区的林地和灌丛中，独居生活，是典型的杂食动物，植物的枝叶、果实，以及各种小型动物都在它们的食谱中。

在生物分类中，蜂猴被归入懒猴科。蜂猴在树上每爬行一步，需要大约12秒，行动迟缓的程度和树懒有一拼。行动迟缓，体形又小，蜂

猴的保命武器只有毒液。它们会把手肘处的毒

液和唾液混合（其自身具有免疫力）涂抹在皮肤

上，产生难闻的气味，最大程度降低被捕食者

攻击的概率。蜂猴是唯一会用毒的灵长类动物。

用"中指"掏虫子吃的指猴

指猴是马达加斯加岛的特有灵长类动物，也是非洲岛国马达加斯加的国宝，因长长的中指（第三根手指）而得名。

142

指猴体重2～3千克，大小和猫差不多，形象有点儿像老鼠。它们的中指不仅长，还非常细，只有其他指头的一半粗，是获取富含蛋白质食物的重要工具。

指猴的食物除各种水果、坚果和花蜜外，还包括美味的昆虫。这些昆虫大都藏在很深的树洞里，指猴想要吃到它们，细长的中指就派上了用场。它们先是轻轻敲击树干，确认里面有昆虫后，就用锋利的牙齿把洞口稍微弄大一点儿，最后把中指伸进去掏出美味，就可以大快朵颐了。

和人类关系最近的倭黑猩猩

在非洲中部刚果河以南流域的热带雨林里，生活着一种形象酷似黑猩猩，但个头儿要小很多的动物——倭黑猩猩。

倭黑猩猩的体重在40千克左右，大约只有黑猩猩的一半，和后者相比，它们在直立行走时躯干更直；毛发也比较细软，不像黑猩猩那样粗硬。从性格和族群构成上说，倭黑猩猩和黑猩猩也是截然相反，它们不像黑猩猩那样脾气暴躁，同类间很少发生肢体冲突，并且群体中的首领由雌性担任。

遗传学研究发现，倭黑猩猩有98.7%的基因

和人类相同。倭黑猩猩和黑猩猩是与人类亲缘关系最近的两种动物。

在四足上 涂抹尿液的蓬尾丛猴

　　蓬尾丛猴也叫婴猴，是一种生活在非洲中部和南部的灵长类动物，形象有点儿像狐猴，但体形要小很多，只有15～17厘米，名字来源于它们身后那条毛发蓬松的长尾巴。

　　蓬尾丛猴是典型的夜行性动物，大多数时间在树上生活，以包括各种昆虫在内的无脊椎动物为主食。能捕捉到会飞的昆虫，蓬尾丛猴靠的是超强的跳跃能力，它们可以跳出超过自己体长10倍的距离，能在两棵距离几米的树之间来回跳跃。

　　蓬尾丛猴的另一个习性是在四足上涂抹尿

yè　　　zhè yàng zuò kě yǐ zēng qiáng zhuā wò lì 　 yǐ biàn yú gāo sù tiào yuè
液，这样做可以增强抓握力，以便于高速跳跃

hòu néng wěn wěn de luò zài shù gàn shàng
后能稳稳地落在树干上。

建筑大师——旱獭

hàn tǎ yě jiào tǔ bō shǔ　tǐ cháng yuē　　mǐ　tǐ zhòng　qiān
旱獭也叫土拨鼠，体长约0.5米，体重7.5千

kè zuǒ yòu　　hé yì tiáo xiǎo xíng quǎn chà bu duō　　shì yí lèi tǐ xíng bǐ jiào
克左右，和一条小型犬差不多。是一类体形比较

大的啮齿动物，和松鼠关系较近，全世界共有14种，遍布欧亚大陆和北美洲。

因为身体比较笨重，旱獭不具备松鼠那样的爬树本领，为躲避天敌，它们选择了"入地"的方式。和同为啮齿目的"建筑大师"河狸一样，旱獭的洞穴也非常讲究，除一个主洞口外，还会有几个到几十个隐蔽的洞口。这样即便出现一个洞口被天敌堵住的情况，旱獭也能从其他洞口逃跑。逃出洞穴的旱獭会躲进备用洞穴，这些洞穴是旱獭提前挖好的，相当于避难所。

筑巢挖出来的土，旱獭也会废物再利用，将其堆成一个小土丘，每次外出前就登上去，居高临下看看周围有没有危险。

用鼻子"打招呼"的
黑尾草原犬鼠

黑尾草原犬鼠是一种啮齿动物，生活在北美洲，体重大约1.5千克，因长有黑色的尾巴且叫声与狗相似而得名。

黑尾草原犬鼠看上去像小号的旱獭，因为体形更小，个体实力更弱，它们更依赖集体的力量，经常几百只甚至上千只一起生活，居住在一个由众多地洞连成的"小区"里。

每天，黑尾草原犬鼠都会和伙伴打招呼，距离远的时候就用叫声，如果见面了，就直接用鼻子相互碰碰对方，闻闻彼此的气味。这样做一来可以增进同伴间的感情，二来也可以筛查出闯入群体的"外来者"。一旦发现有陌生的黑尾草原犬鼠闯入，一场争夺领地的大战可就要上演了。

会滑翔的"松鼠"——红白鼯鼠

在中国的中部和西南，南亚的印度，东南亚的缅甸和泰国，生活着一种会滑翔的哺乳动物——红白鼯鼠。

从名字不难猜测，这是一种皮毛为红白两色的鼠类动物，准确说是来自啮齿目的松鼠科。红白鼯鼠的头和躯干加起来超过50厘米，是比较大的啮齿动物。

红白鼯鼠生活在海拔1000~3000米的高山森林中，非常喜欢吃板栗，在距离地面至少5米高的树洞里安家。之所以选择较高的树木，是为了遇到危险时能快速逃跑（因为滑翔通常只能向下，如果本身所处的位置太低，那很快就会被迫"着陆"）。

滑翔时，红白鼯鼠除了依靠宽大的皮膜获取升力，几乎和身体长度相等的尾巴也能起到稳定方向的作用。人类的"无动力翼装"就是受红白鼯鼠启发而发明的。

用嘴巴颊囊储藏粮食的仓鼠

仓鼠科是哺乳动物中最大的一科，种类繁多，广泛分布于亚洲北部、欧洲、非洲，它们长得像鼠，尾巴却短小很多。人们生活中常见的仓鼠，是仓鼠科仓鼠亚科的小型啮齿动物，通称仓鼠。

仓鼠的名字和它们的生活习性息息相关。

仓鼠的体形很小，最小的体重只有0.03千克，最大的也就1千克。袖珍的体形让它们的身体极易散热，很难在寒冷的冬天维持正常的体温。

唯一的解决之法就是躲在温暖的地下洞穴里，不出去活动，所以它们会提前储备好口粮。

仓鼠的主食是各种谷物。它们嘴巴里的空间很大，在两腮的地方形成了可以装东西的"颊囊"，是它们用来搬运粮食的工具。

最爱睡觉的睡鼠
zuì ài shuì jiào de shuì shǔ

shuì shǔ shì shēng huó zài yà fēi ōu dì qū de xiǎo xíng niè chǐ dòng
睡鼠是生活在亚非欧地区的小型啮齿动

wù quán shì jiè gòng yǒu zhǒng
物，全世界共有15种。

shuì shǔ de míng zi lái yuán yú tā men xǐ huan shuì jiào de xí guàn měi
睡鼠的名字来源于它们喜欢睡觉的习惯，每

156

年冬天，睡鼠都会蜷缩在洞穴里"冬眠"。说冬眠其实并不准确，因为它们通常也是在睡梦中度过春天和秋天的，甚至在夏天的白天都在呼呼大睡，只有晚间才出去找吃的。它们的寿命大约5年，其中近4年都是睡过去的。

睡鼠擅长爬树，以植物的果实、叶子、树籽、嫩芽等植物性食物为主食，搭配昆虫和鸟蛋等蛋白质食物。即便是在少量的活动时间里，睡鼠也经常会打个盹儿小憩一阵。不过，此时的睡鼠反应并不迟钝，如果被抓住尾巴的话，它们会立即采用"金蝉脱壳"的方式，将身体从外层皮毛中脱离出去，逃之夭夭。

能忍受缺氧环境的裸鼹鼠

裸鼹鼠是生活在非洲东部的啮齿动物，虽然名字里带"鼠"，但它们和豪猪关系更近，两者同属于豪猪亚目。

裸鼹鼠的"裸"字指的是它们的体表，除脸部周围长有大约40根像胡须一样的长毛外，几乎看不到任何毛发，皮肤像被蒸发掉了水分，看起来光秃秃、皱巴巴的。再加上一对长长的、突出在嘴巴外的大门牙，裸鼹鼠看起来丑极了。

裸鼹鼠是典型的洞穴动物，几乎一生都生活在地洞里。长时间的幽暗生活让它们的视力和听力都极度退化，但它们触觉很好，可以用胡

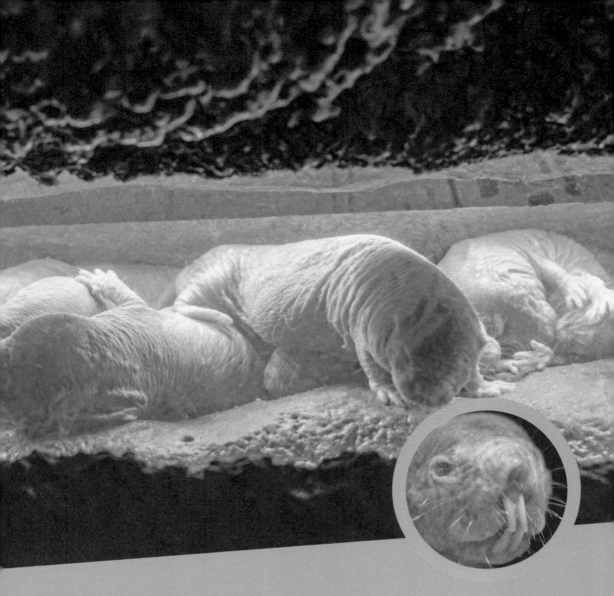

xū gǎn zhī zhōu wéi de huán jìng　　xún zhǎo shí wù
须感知周围的环境，寻找食物。

yīn wèi luǒ yǎn shǔ yōng yǒu zài quē yǎng huán jìng zhōng shēng cún de néng
因为裸鼹鼠拥有在缺氧环境中生存的能

lì　　suǒ yǐ tā men kě yǐ cháng qī zài dì xià shēng huó　　tā men kě yǐ
力，所以它们可以长期在地下生活，它们可以

zài hán yǎng liàng zhǐ yǒu　　　　de huán jìng zhōng shēng huó zhì shǎo　　xiǎo shí
在含氧量只有5%的环境中生活至少5小时。

<ruby>尾<rt>wěi</rt></ruby> <ruby>巴<rt>ba</rt></ruby> 像 <ruby>船<rt>xiàng</rt></ruby> 桨 的 河 狸

<ruby>河<rt>hé</rt></ruby> <ruby>狸<rt>lí</rt></ruby> <ruby>也<rt>yě</rt></ruby> <ruby>叫<rt>jiào</rt></ruby> "<ruby>海<rt>hǎi</rt></ruby> <ruby>狸<rt>lí</rt></ruby>", <ruby>是<rt>shì</rt></ruby> <ruby>大<rt>dà</rt></ruby> <ruby>型<rt>xíng</rt></ruby> <ruby>啮<rt>niè</rt></ruby> <ruby>齿<rt>chǐ</rt></ruby> <ruby>动<rt>dòng</rt></ruby> <ruby>物<rt>wù</rt></ruby>, <ruby>体<rt>tǐ</rt></ruby>
<ruby>重<rt>zhòng</rt></ruby> <ruby>可<rt>kě</rt></ruby> <ruby>达<rt>dá</rt></ruby> 30 <ruby>千<rt>qiān</rt></ruby> <ruby>克<rt>kè</rt></ruby>。 <ruby>全<rt>quán</rt></ruby> <ruby>世<rt>shì</rt></ruby> <ruby>界<rt>jiè</rt></ruby> <ruby>共<rt>gòng</rt></ruby> <ruby>有<rt>yǒu</rt></ruby> 2 <ruby>种<rt>zhǒng</rt></ruby>, <ruby>一<rt>yì</rt></ruby> <ruby>种<rt>zhǒng</rt></ruby> <ruby>主<rt>zhǔ</rt></ruby> <ruby>要<rt>yào</rt></ruby>
<ruby>生<rt>shēng</rt></ruby> <ruby>活<rt>huó</rt></ruby> <ruby>在<rt>zài</rt></ruby> <ruby>欧<rt>ōu</rt></ruby> <ruby>洲<rt>zhōu</rt></ruby> <ruby>以<rt>yǐ</rt></ruby> <ruby>及<rt>jí</rt></ruby> <ruby>亚<rt>yà</rt></ruby> <ruby>洲<rt>zhōu</rt></ruby> <ruby>的<rt>de</rt></ruby> <ruby>部<rt>bù</rt></ruby> <ruby>分<rt>fen</rt></ruby> <ruby>地<rt>dì</rt></ruby> <ruby>区<rt>qū</rt></ruby>, <ruby>称<rt>chēng</rt></ruby> <ruby>为<rt>wéi</rt></ruby> "<ruby>欧<rt>ōu</rt></ruby> <ruby>亚<rt>yà</rt></ruby>

河狸"；另一种原产于北美地区，叫"美洲河狸"，是加拿大的国兽。

既然叫河狸，顾名思义它们的生活习性和水有关。河狸是半水栖动物，喜欢在湖泊、河流、池塘、沼泽等靠近水的地方安家和活动。身后如船桨般扁平的大尾巴，两只长着蹼的后脚，以及流线型的身体，让河狸拥有娴熟的潜水和游泳技能；两只强悍有力的前爪则让它们拥有了极强的挖掘能力。

虽然在水下非常灵敏，但河狸在岸上行动迟缓，很容易成为食肉动物的目标，因此，它们会把巢穴入口建在水下。

最大的啮齿动物——水豚

水豚是世界上体形最大的啮齿动物，成年后体长可达1.3米，体重可达50千克，是南美洲的特有物种。

水豚长得方头方脑，身体很粗，四肢较短，尾巴严重退化，几乎看不见，总体看上去就像一只没有尾巴的大胖老鼠。

水豚以家族为单位生活，群体规模在10~30只，喜欢在靠近水的地方活动，河流、湖泊、沼泽、湿地是最容易找到它们的地方。水豚以水生植物为主食，有时也偷吃人类种植的农作物。

水豚不擅长挖洞，累了就找现成的土坑休息，受到惊吓时会跳进水中，迅速游到水下植物

mì jí de dì fang duǒ bì
密集的地方躲避。

shuǐ tún pái biàn de shí hou   hěn duō xiǎo dòng wù huì zài bù yuǎn chù děng
水豚排便的时候，很多小动物会在不远处等

dài   tā men huì chī shuǐ tún de fèn biàn   cóng zhōng shè qǔ cū dàn bái
待，它们会吃水豚的粪便，从中摄取粗蛋白。

"龙猫"的真身——毛丝鼠

毛丝鼠是动画电影《龙猫》中主角龙猫的原型，主要生活在秘鲁、智利、玻利维亚、阿根廷等国。

野生的毛丝鼠生活在安第斯山脉海拔4000

米以上的乱石地区。毛丝鼠长得像鼠，毛发如丝绸般柔滑，而且毛发非常浓密，一个毛孔就有六七十根毛发。这本是它们用来抵御高海拔地区严寒的法宝，却给它们带来了灭顶之灾。从16世纪开始，由于人类对皮草的需求，毛丝鼠遭到严重捕杀，濒临灭绝。

20世纪初，所剩不多的毛丝鼠被引到其他地方繁育，数量逐渐恢复。再后来，这些可爱的小家伙逐渐成了人类的宠物。

吃妈妈粪便长大的考拉

考拉是澳大利亚特有的动物，因模样酷似小熊，且没有尾巴，被称为"无尾熊"；又因为喜欢待在树上，且雌性考拉肚子上有个育儿袋，被称为"树袋熊"。

因为生活在树上，澳大利亚又没有会爬树的食肉动物，考拉可以大胆地睡大觉，它们每天至少要睡18小时，其余时间则以吃为主。

考拉最喜欢的食物是桉树的叶子，它们长达2米的盲肠中存在一种菌体，可以有效分解桉树叶的毒素。不过，幼年时期的考拉不具备分解毒素的能力，它们的食物是妈妈的粪便。通

过吞食妈妈的粪便，小考拉能够间接获取桉树叶
的营养而不用担心中毒，因为这些桉树叶已经
被妈妈的肠道净化了。

世界上最大的袋鼠——红袋鼠

红袋鼠雄性体重可达90千克，雌性可达70千克，是世界上最大的袋鼠，也是现存最大的有袋类动物，主要栖息在澳大利亚的热带稀树草原上，温带的雨林区域也有少量分布。它们的名字来源于雄性袋鼠红色或棕红色的被毛（雌性是蓝灰色）。

红袋鼠拥有发达的肌肉，两条后腿粗壮有力，足以支撑整个身体的重量，从而直起上身，腾出来的前肢就可以做搂抱、击打等各种动作。因此，红袋鼠也被称为"草原上的拳击手"。

如果红袋鼠觉得用相对短小的前肢击打力度不够，它们还可以用粗大的尾巴当第三条腿支撑地面，用一双后腿给对方来个飞踢。这种飞踢力量很大，足以弄断人的肋骨。而它们第四根脚趾上的爪子也可以撕裂肌肉。

wǒ men shú xi de dài shǔ　　wú lùn shì hóng dài shǔ　　hái shi huī
我们熟悉的袋鼠，无论是红袋鼠，还是灰

dài shǔ　　quán dōu shì qián zhī duǎn　　hòu zhī cháng de shēn tǐ jié gòu　　dàn
袋鼠，全都是前肢短、后肢长的身体结构，但

shēng huó zài xīn jǐ nèi yà dǎo hé ào dà lì yà kūn shì lán dì qū de shù
生活在新几内亚岛和澳大利亚昆士兰地区的树

袋鼠是例外。

　　树袋鼠是树袋鼠属动物的统称，除活动场所是在树上外，它们的样貌和地上的亲戚也大相径庭。树袋鼠拥有一张近似熊的脸，躯干和尾巴分别像树懒和猴子，看上去比袋鼠更萌一些。

　　树袋鼠的前肢不仅长，上面还有锋利的钩状爪子，可以牢牢抓握住树干。因为会爬树，树袋鼠的饮食结构也和地上的亲戚不同，它们并非纯粹的素食者，除摘取果子和枝叶外，也会掏鸟蛋，甚至捕捉雏鸟。

骨骼像双层汽车的犰狳

虽然穿山甲身上覆盖着坚硬的鳞片，但生物学上所认可的"披甲哺乳动物"是犰狳。

全世界共有21种犰狳，它们几乎全部生活

在美洲大陆，以昆虫等无脊椎动物为主食，因身体表面看上去像被罩上了铠甲而被归类为有甲目。

和穿山甲的鳞片是皮肤硬化的结果不同，犰狳的铠甲是骨骼的一部分，是从体内延伸出来的，几乎覆盖全身的骨板。如果拍一张 X 光照片，就会发现犰狳的脊椎上面还有一层硬壳，身体结构有点儿像双层汽车。

和穿山甲一样，犰狳也非常擅长挖洞，大多数种类在遇到危险时会快速挖洞躲藏，只有三带犰狳（犰狳的大块骨板之间由一条条甲片状的束带连接，三带也就是三条甲片）会把身体蜷缩成球。

坚持下树排便的三趾树懒

jiān chí xià shù pái biàn de sān zhǐ shù lǎn

sān zhǐ shù lǎn shì zhōng nán měi zhōu de tè yǒu dòng wù　　quán shì jiè
三趾树懒是中南美洲的特有动物，全世界

gòng yǒu　　zhǒng　　yīn qián zhǎo shàng de　　gè zhǐ ér dé míng　　yǐ xíng dòng
共有4种，因前爪上的3个趾而得名，以行动

huǎn màn zhù chēng　　dà jiā rú guǒ kàn guò dòng huà diàn yǐng　　fēng kuáng dòng wù
缓慢著称。大家如果看过动画电影《疯狂动物

城》，一定会对这种动物印象深刻。

由于后肢退化，三趾树懒很难在地面行走，所以它们几乎不下地，只有排便时例外，这和一种叫"树懒蛾"的昆虫有关。

树懒蛾成年后终身生活在三趾树懒的皮毛中，死后产生的养料能促进绿藻的生长，幼虫则以树懒的粪便为食。因为树懒蛾不会飞，而三趾树懒想吃到更多绿藻又必须让树懒蛾爬到自己身上，所以每当感觉有便意时，三趾树懒就会冒着危险下树。据统计，大约50%的三趾树懒都是这时被食肉动物捕杀的。好在三趾树懒的新陈代谢速度极慢，一周才排便一次，不然以它们的行动速度非被食肉动物吃绝种不可。

吃白蚁的"猪"——土豚

在撒哈拉沙漠以南的非洲地区，生活着一种长得有点儿像猪，但口鼻和耳朵更长，前肢长有锋利爪子的动物，名叫"土豚"。

由于样貌与体形和猪接近，土豚在非洲当地又被形象地称为"土猪"，还有人根据它们喜欢吃白蚁和蚂蚁，称其为"非洲食蚁兽"。

土豚的胃口很好，一晚上就能吃光大约5万只蚂蚁或白蚁。在进食之前，它们会凭借灵敏的嗅觉找到蚁穴，然后用锋利的爪子快速而粗暴地"破门"，进而用长舌头把佳肴舔入口中。在挖洞时，土豚的鼻孔会收缩，耳孔也会向后折，这样做可以避免尘土进入体内。

不能跳跃的大象

大象是现今地球上体形最大的陆生哺乳动
物，最大的雄性非洲草原象体重高达6300千克，最小的非洲森林象也有1200千克。

庞大的体形导致大象的运动能力相对不足，它是唯一不会跳跃的哺乳动物。造成这种情况的原因，除体重太大外，还和大象脚部的骨骼结构有关。相比于其他哺乳动物，大象脚上的骨头之间缝隙很小，缺乏起跳时所需的弹性结构，灵活性很差。

脚上的骨头不适合跳跃，又被自身巨大的体重所限制，大象跳不起来也就很正常了。而且从生活需求的角度说，大象身材高大，又有一条灵活的长鼻子，根本用不着跳就能够到高处的东西。

鼻子像触手的星鼻鼹

星鼻鼹是一种生活在北美洲东部地区的小动物，长得和老鼠有几分相似，但体形很小，只有50克重。

星鼻鼹身上最醒目的标识，是它鼻子上的 22 条粉红色触手，这些触手合在一起，看起来很像点缀在头上的小星星。这些触手是非常灵敏的触觉器官，可以帮视力严重退化的星鼻鼹在黑暗的洞穴中寻找食物，感知周围的环境。

正是因为有了灵敏的鼻子，星鼻鼹才能快速而准确地捕捉到蚯蚓、水生昆虫以及一些小型无脊椎动物，吃得饱饱的，使它们即便在寒冷的冬季也能体力充沛，活力十足。吉尼斯世界纪录显示，星鼻鼹是吃东西最快的动物。

会滑翔且自带"吊床"的鼯猴

鼯猴又叫"飞狐猴",是生活在东南亚森林中的小型哺乳动物,因长得和狐猴有几分相似,又能"飞",而有了"飞狐猴"这个名字。

飞狐猴的飞并不是像鸟类那样的飞行,而应该叫滑翔。两者的区别是,飞可以从低到高且持续时间较长,而滑翔不能向上且距离较短。

飞狐猴的体表有一层"滑翔膜",从颈部一直延伸到尾巴和四肢,展开后呈正方形,看上去就像披上了一个巨大的斗篷。对于飞狐猴来说,滑翔膜就像一个降落伞,可以在气流的帮助下从空中把它们带到另一个地方,飞狐猴最远可滑翔136米。

duì yú gāng chū shēng de fēi hú hóu lái shuō mā ma de huá xiáng
对于刚出生的飞狐猴来说，妈妈的滑翔

mó zhé dié qǐ lái shí gāng hǎo hé dù pí gòu chéng yí gè yù ér dài
膜折叠起来时刚好和肚皮构成一个育儿袋。

dāng mǔ fēi hú hóu dào guà zài shù zhī shàng shí yù ér dài huì zì rán
当母飞狐猴倒挂在树枝上时，育儿袋会自然

chēng dà biàn chéng diào chuáng
撑大，变成吊床。

视力退化^{的老鼠}——鼩鼱

　　鼩鼱是一类和老鼠长得很像的小动物，但两者并不是亲戚。在我们熟悉的动物中，

和鼩鼱关系最近的是鼹鼠，两者都属于食虫目。

鼩鼱广泛分布于亚洲北部、欧洲、北美洲，全世界大约有80种，体形普遍很小，最大的体重也不到16克。除体形外，鼩鼱和老鼠还有诸多不同：鼩鼱的眼睛极度退化，几乎变成了脸上的两个小点儿，和老鼠的大眼睛大相径庭；嘴巴又细又长，也和老鼠的有明显不同。

鼩鼱的主食是包括昆虫、蜘蛛在内的各种小型无脊椎动物，有时也会通过食用枝叶来补充维生素。

以树为家的树穿山甲

树穿山甲是非洲特有物种，分布于西非、东非、非洲南部的部分地区，是世界上两种主要生活在树上的穿山甲之一（另一种是长尾穿山甲），从外表看，它们的身体比较细长。

和生活在地上的亲戚擅长挖洞不同，树穿山甲的身体构造更适合攀缘，拥有灵活的可以用来钩住树枝的尾巴，它们几乎从来不下地。

树穿山甲的另一个神奇之处在鳞片上，它们的鳞片边缘非常锋利，可以在肌肉的带动下左右移动。当树穿山甲遇到蟒蛇、豹子等会爬树的天敌时，这些能移动的锋利鳞片就能起到反击的作用。

能两条腿走路的南非穿山甲

南非穿山甲是另一种非洲特有的穿山甲，因发现于非洲南部而得名，东非和中非地区也有分布。

南非穿山甲喜欢在拥有较多灌木的林地或草地活动，生活区域通常离水源较近，独居生活，白天躲在洞穴里休息，晚上则外出捕食白蚁和蚂蚁。它们用鼻子搜寻食物，找到蚁穴后就把又细又长的舌头（算上体内看不见的部分足有70厘米）伸入洞穴中，边舔边吸地大吃一顿，一次进食最多可以吞下上百只蚂蚁或白蚁。

南非穿山甲前肢短小，必要的时候，为了提高速度，它们会微微抬起身体，用两条后腿走路，是唯一可以两足行走的穿山甲。

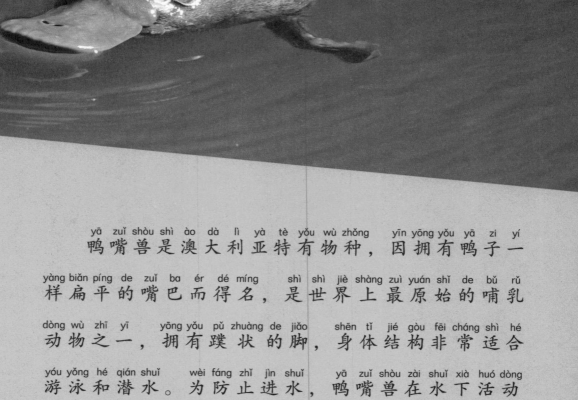

形象呆萌却带毒的鸭嘴兽

鸭嘴兽是澳大利亚特有物种，因拥有鸭子一样扁平的嘴巴而得名，是世界上最原始的哺乳动物之一，拥有蹼状的脚，身体结构非常适合游泳和潜水。为防止进水，鸭嘴兽在水下活动时会自动闭合眼睛和耳朵，用布满神经的嘴巴搜寻食物，以昆虫的卵、小型甲壳类等无脊椎动物为主食。

身为最古老的哺乳动物，鸭嘴兽拥有很多原始的特征，最明显的一点就是生宝宝的方式。和我们熟悉的大多数哺乳动物不同，鸭嘴兽是产卵（蛋）的，它们的后代是从蛋壳中孵化出来的。

鸭嘴兽也是少数能用毒的哺乳动物，它们脚踝后侧长有毒刺，主要用在和同伴争斗时，也可以起到攻击猎物和抵御天敌的作用。

长得像刺猬的针鼹

针鼹是除了鸭嘴兽，另一类产卵的哺乳动物，全世界共有4种，分布于大洋洲和亚洲的印度尼西亚。

从外形上看，针鼹和刺猬非常像，浑身长满尖刺。不同的是，针鼹的刺并不是从体内长出（刺猬的刺是骨头的一部分，叫"骨质刺"），而是皮肤硬化的产物，其成分是和人类指甲一样的角蛋白，可以脱落和再生，且末端带有倒钩。如果有"冒失鬼"敢来攻击针鼹，这些带有倒钩的刺就会牢牢钩进它们的身体。

和食蚁兽一样，针鼹也喜欢吃白蚁和蚂蚁，

而且也没有牙齿，它们进食的工具是如管子一样细长且具有黏性的舌头，可以把猎物牢牢粘在上面。

有育儿袋的袋食蚁兽

袋食蚁兽体长约40厘米，体重在0.7千克左右，身材酷似花鼠，毛色前红后黑，背部和臀部长有白色横纹，是生活在澳大利亚西南地区的小型有袋类动物。

袋食蚁兽的名字一方面来源于雌性肚子上的育儿袋，另一方面则跟它们的饮食习惯有关。

和没牙的食蚁兽不同，袋食蚁兽的口中长有52颗牙齿，是哺乳动物里牙齿数量最多的。但这些牙齿都非常小，很难起到嚼碎食物的作

194

用，因此相比于体表坚硬的蚂蚁，袋食蚁兽更爱吃白蚁。当挖开白蚁洞穴后，它们会把细长的舌头伸进去舔食。

拥有长耳朵的有袋类——兔耳袋狸

兔耳袋狸是澳大利亚特有物种，只生活在澳大利亚西部的热带沙漠和草原上。从形象上看，兔耳袋狸有点儿像兔子和老鼠的结合体，它们的名字就来源于类似兔子的长耳朵。

兔耳袋狸的体重可达2.5千克，是袋狸家族中体形最大的。和大象一样，兔耳袋狸的长耳朵也有散热作用。

不过，为了抵御酷热的环境，它们还是喜欢昼伏夜出。白天，兔耳袋狸会躲在洞穴里，躲避阳光。兔耳袋狸能挖出2～3米深、拥有12个洞口的"地下迷宫"，目的是防备野狗或蟒蛇等食肉动物。

兔耳袋狸的胃口很好，植物的种子、根茎，包括各种昆虫在内的无脊椎动物，甚至是更小的有袋类动物都在其食谱中。通过从食物中摄取水分，兔耳袋狸几乎不需要额外饮水。

大象的小表弟——蹄兔

蹄兔是生活在非洲及中东部分地区的小型哺乳动物，喜欢在裸露的岩石和崖壁上活动，草原和矮树丛中也能看到它们的身影。

蹄兔以家庭为单位集群生活，喜欢吃植物的叶子和草。

虽然名字里有个"兔"字，体形和外貌上也和兔子很像，但蹄兔跟后者除了都是哺乳动物，再没有任何关系。蹄兔在生物分类中属于蹄兔目，和兔子（属于兔形目）的关系就像人和老虎（灵长目和食肉目）一样远。

如果非要给蹄兔找个亲戚，那就是现今最大的陆生哺乳动物大象了。基因研究显示，大约在4000万年前，蹄兔和大象拥有共同祖先。从身体细节上看，蹄兔拥有和大象近似的脚趾结构，口中还有短小的獠牙，这些都能说明两者的亲近关系。

长得像鼠的"兔"——鼠兔

鼠兔是一类形象上近似兔子，身材和鼠类接近的小动物，个头儿比兔子小，全世界共有30种，绝大多数栖息在亚洲，非洲和北美地区也有分布。

鼠兔上颌较大的门齿后面还有一对相对较小、形状如同钉子的门齿，这种双排门齿的结构是兔形目动物的标识，基于这一点，生物学家把这种看上去像兔子和老鼠结合体的动物归为兔形目，和兔子在一个大家族中。

鼠兔以各种植物为食，生活环境可分成两类，绝大多数选择在比较开阔的草原或草甸地

dài　　　 kào wā dòng xué duǒ bì tiān dí　　shǎo bù fen zhǒng lèi shēng huó zài shān
带，靠挖洞穴躲避天敌；少部分种类生活在山

shàng de xié pō chù　　yòng yán shí děng tiān rán dì xíng zuò yǎn tǐ
上的斜坡处，用岩石等天然地形做掩体。

Photo Credits